THERMAL MEASUREMENT
FOR POWER GENERATION ENTERPRISES

发电企业热工计量

华电电力科学研究院有限公司　　编著

中国电力出版社
CHINA ELECTRIC POWER PRESS

内 容 提 要

本书依据现行的计量法律法规、国家标准、行业标准和企业标准，阐述如何规范化开展检定校准工作及如何提高测量结果准确性，以确保计量数据准确可靠，力求反映我国电力行业热工计量发展现状和最新测试技术。

本书紧密结合现场实际，重点解决发电企业热工计量工作中存在的问题，可用于发电企业热工仪表测试及计量监督管理的教学和培训。

图书在版编目（CIP）数据

发电企业热工计量/华电电力科学研究院有限公司编 . —北京：中国电力出版社，2021.10

ISBN 978-7-5198-5918-3

Ⅰ . ①发… Ⅱ . ①华… Ⅲ . ①发电厂—热力系统—热工测量 Ⅳ . ①TM621.4

中国版本图书馆 CIP 数据核字（2021）第 168870 号

出版发行：中国电力出版社
地　　址：北京市东城区北京站西街 19 号（邮政编码 100005）
网　　址：http://www.cepp.sgcc.com.cn
责任编辑：赵鸣志（010-63412385）
责任校对：黄　蓓　马　宁
装帧设计：赵丽媛
责任印制：吴　迪

印　　刷：三河市万龙印装有限公司
版　　次：2021 年 10 月第一版
印　　次：2021 年 10 月北京第一次印刷
开　　本：880 毫米×1230 毫米　32 开本
印　　张：9.25
字　　数：243 千字
印　　数：0001—2000 册
定　　价：55.00 元

前　言

"科技要发展，计量需先行"，在工业生产、科学研究、经济发展等领域，计量是非常重要的基础手段。尤其在电力生产中，热工计量是监测仪表及控制系统准确和可靠的重要保障，是保证发电企业安全、可靠、环保、经济运行不可或缺的技术手段。

热工监测仪表主要用于电厂各类主机、辅机热力参数的测量和控制。随着发电机组向大容量、高参数方向发展，热工自动化程度越来越高，热工监测仪表在电力生产中发挥举足轻重的作用，其准确性和可靠性直接影响着机组安全、环保、经济、稳定运行。同时，随着电厂由计划检修向状态检修转变，热工计量监督显得越发重要。

本书力求反映我国电力行业热工计量发展现状和最新测试技术，依据现行的计量法律法规、国家标准、行业标准、企业标准，采用行之有效的新技术和新测试方法，阐述如何规范化开展检定校准工作及如何提高测量结果准确性，以确保计量数据准确可靠。本书重点解决发电企业热工计量技术存在的问题，紧密结合现场实际，可用于发电企业热工仪表测试及计量监督管理的教学和培训。

由于编者水平和能力有限，书中难免存在不足之处，敬请广大读者不吝指正。

编　者
2021 年 6 月

目 录

第一篇 计量基础知识

第一章　计量与测量

一、计量发展

要了解计量的含义，首先要了解测量，以及它们之间的关系。人们为了把客观世界的特性来量化表达，就产生了测量。按照 JJF 1001—2011《通用计量术语及定义》中的定义，测量（measurement）是指通过试验获得并可合理赋予某量一个或多个量值的过程。即借助仪器将被测对象的某种物理特性表达为人的感官能直接读取的量值，通过观察量值来确定测量结果，并将测量结果当作被测对象的该种物理特性对应的物理量的值。

计量（metrology）是指实现单位统一、量值准确可靠的活动。该定义反映了计量的基本任务是利用技术和法制手段实现单位统一和量值准确可靠的测量。单位统一是测量统一的基础，测量统一则反映在量值准确、可靠、一致上。计量的最终目的是为国民经济和科学技术的发展服务。

计量在我国历史上称为"度量衡"，度指长度，量指容积，衡指质量。早在原始社会后期，由于生产力逐渐提高，原始计量已逐步形成。古代计量阶段的计量基准相当简陋，多以人体、植物、乐器为基准。至秦始皇统一全国后，以最高法律的形式统一了全国的度量衡，由此我国古代计量进入了一个新的历史时期，在社会发展中发挥了重要的作用。随着 1875 年《米制公约》的签订，计量基准摆脱人体、自然物体的范畴，进入以科学为基础的发展阶段。1960 年国际计量大会决议通过并建立国际单位制，以当下科学技术的最高水平，使基本单位计量基准建立在微观自然现象或物理效应的基础上，并建立科学、简便、有效的溯源体系，实现国际上测量的统一。第 26 届国际计量大会（CGMP）2018 年 11 月 16 日通过"修订国际单位制"决议，新国际单位体系于 2019 年 5 月 20 日世界计量日起正式生效。国际计量单位制的 7 个基本单位全部实现了由常数定义。以基本物理常数作为我们认识和定义自然界基本概念的基础，开启计量的常数化和量子化时代，实现国际单位制有史以来最为重大的历史性变革。

1. 计量的技术特性

为了实现单位统一、量值准确可靠这一目的，计量需要依靠法制管理；需要各级监管部门的监督；需要科学技术研究心得测试方法，提高准确度；需要计量技术建立计量基准、计量标准，开展量值溯源、量值传递等。计量是技术与管理的结合体，其基本特性可以归纳为准确性、一致性、溯源性、法制性。

准确性是计量的基本特点，它表征的是测量结果与被测量真值一致的程度。量值的准确可靠是计量的目的和归宿。一切计量科学技术研究的最终目的是要达到所预期的某种准确度。

一致性是在单位统一的基础上，在符合规定的复现条件下，测量结果就应在给定的区间内。通过量值的一致性证明测量结果是可重复、可再现的，这是计量存在的社会意义。

溯源性是指任何一个测量结果或计量标准的值，都能够通过一条具有规定不确定度的连续比较链，与计量基准联系起来。自下而上通过不间断的比较链，使测量结果和基准联系起来，就是量值溯源；自上而下通过逐级传递，将基准所复现的量值通过各测量标准传递到工作测量仪器上，就是量值传递。量值溯源和量值传递都是保障量值准确性和一致性的基础。

法制性是指量值的准确可靠不仅依赖科学技术手段，还需要相应的法律、法规和行政管理，特别是涉及国计民生的贸易结算、安全防护、医疗卫生、环境监测中的计量，必须由政府主导建立法制保障。

2. 计量的分类

在国际上，按计量的社会功能，把计量分为科学计量、工程计量、法制计量三类。分别对应计量的基础、计量的应用和政府主导的计量社会事业。

在我国，按专业把计量分为十大类，即几何量计量、热学计量、力学计量、电磁学计量、电子学计量、时间频率计量、电离辐射计量、声学计量、光学计量、化学计量。

值得注意的是，计量的分类并不是绝对的，而是突出了某一方面的计量问题。在实际工作中，并不过于严格的区分。

二、量的概念

1. 量

量是表征自然界运动规律的基本概念。量（quantity）是指现象、物体或物质的特性，其大小可用一个数或一个参照对象表示。计量学中的量指的是可测量的量，可以是广义的一般概念的量，如长度、质量、温度、电流、时间等；也可以是具体的"特定量"，如某电阻器的阻值、某杯水的温度等。

可测量的量总是由数值和参照对象的组合表示，参照对象可以是一个计量单位、测量程序、标准物质或其组合。例如：长度是一个量，表示了物体长短的特性。一根经过测量的木棒长度为 2m，这个特定量的大小表示了木棒的长短，其大小用数字"2"和一个参照对象"米（m）"来表示。此例中的参照对象"米"就是一个计量单位。而量"洛氏 C 标尺硬度"的参照对象就是由约定测量程序定义的。

在计量学中，把彼此可以互相大小排序的量称为同种量，例如物体的长度、宽度。在定义或应用上具有相同特点的量称为同类量，如波长、半径、距离等。同类量可以用同一单位表示其量值，但同一单位表示量值的量不一定是同类量。例如，力矩和功虽都可以用"牛·米"做单位，但并非同类量。再如，有很多无量纲的量的单位都是"一"，也并不是同类量。

2. 量制和量纲

量制（system of quantities）彼此间由非矛盾方程联系起来的一

组量。这里的量指一般量，不指"特定量"。这组量彼此存在确定的关系，约定选取的基本量和与之存在确定关系的导出量的特定组合就是量制。例如基本量长度 *l* 和导出量体积 *V*、面积 *S* 之间存在确定关系，它们是在以长度 *l* 为基本量的量制中。

量纲（dimension of quantity）是给定量与量制中各基本量的一种依从关系，它用与基本量相应的因子的幂的乘积去掉所有数字因子后的部分表示。量纲是用来定性地描述给定量制中每一个量和基本量的关系的一组概念，在一定程度上可以用来识别两个量在性质上的异同。量 *Q* 的量纲表示为 dim*Q*。在给定量制中，同类量具有相同的量纲，不同量纲的量通常不是同类量，但是具有相同量纲的量也不一定是同类量。

3. 基本量和导出量

基本量（base quantity）在给定量制中约定选取的一组不能用其他量表示的量。在国际量制中，基本量有 7 个，即长度、质量、时间、电流、热力学温度、物质的量、发光强度。它们的量纲符号分别用正体大写字母表示为 L、M、T、I、Θ、N、J。这些基本量是互相独立的量，即不能用其他量表示。

导出量（derived quantity）量制中由基本量定义的量。导出量通过基本量的幂的乘积得到。量 *Q* 的量纲 $\dim Q = L^{\alpha}M^{\beta}T^{\gamma}I^{\delta}\Theta^{\varepsilon}N^{\zeta}J^{\eta}$，其中的指数 α、β、γ、δ、ε、ζ、η 可以是正数、负数或零。

例如：密度为质量除以体积所得的商，体积又可表示为长度的三次方，密度是由基本量长度和质量定义的导出量，除了长度、质量，密度不与其他基本量相关，所以密度的量纲表示为 $\dim \rho = L^{-3}M^{1}T^{0}I^{0}\Theta^{0}N^{0}J^{0} = ML^{-3}$。

4. 量纲为一的量

量纲为一的量（quantity of dimension one）又称无量纲量（dimensionless quantity），在其量纲表达式中与基本量相对应的因子的指数均为零。有些量纲为一的量是由两个同类量之比定义，如：折射率、质量分数等。有些实体的数是量纲为一的量，如：个数、圈数。

5. 量的符号

量的符号按国家标准《量和单位》的现行有效版本执行。通常用单个拉丁字母或希腊字母表示，量的符号必须用斜体表示。

量的符号可能不止一个，如：长度的符号为 L 或 l。一个给定的符号也可以表示不同的量，如：电荷 Q，热量 Q。

不同的量有相同的符号或相同的量需要区分应用时，可以用下标区分。量的符号的下标可以是单个或多个字母，也可以是数字或元素符号等。

用物理量的符号或用表示变量、坐标、序号的字母作为下标时，下标字体用斜体，其他情况时下标用正体。如：管道压力 p，最大压力 p_{max}，此处"max"表示最大，用来区分应用，所以下标为正体；温度 t 下第 1 个点的压力 p_{t1}，此处 t 是物理量的符号（温度），为斜体，1 是表示序号的数字，用正体；第 i 点压力值 p_i，i 是表示序号的字母，用斜体；坐标 x 轴方向的电流 I_x，x 是表示坐标的字母，用斜体。必要时可并列使用两个下标，中间应适当留空或加逗号。如：$R_{m, max}$ 表示磁阻的最大值，I_{3y} 表示电流 I 的三次谐波的 y 分量，I_{y3} 表示电流 I 的 y 分量的三次谐波。

三、计量单位

计量单位（measurement unit）又称测量单位，简称单位，根据约定定义和采用的标量，任何其他同类量可与其比较使两个量之比用一个数表示。它是为了定量表示同种量而约定定义和采用的特定量。以该特定量作为参考量，就可以用它来表示其他同种量的大小。所以计量单位可以看作是数值等于 1 的特定量。

计量单位具有约定的名称和符号。同量纲量的计量单位可用相同的名称和符号表示，即使这些量不是同类量。量纲为一的量的计量单位是数。

对于基本量约定采用的计量单位是基本单位（base unit）。每一个基本量只有一个基本单位。导出量的单位即导出单位（derived unit）。导出单位由基本单位按一定的物理关系乘除而成新的计量单位。

　　由于在实施测量的领域不同，需要有大小合适的计量单位。如测量电压，其单位为"伏"，而对高压测量来说，单位"伏"表示又太小，通常采用"千伏"；而对精密变化的测量，单位"伏"表示又太大，而采用"毫伏"。因此，为方便使用而设立了倍数单位和分数单位。给定计量单位乘以大于 1 的整数得到的计量单位即倍数单位（multiple of a unit），如千伏、兆伏。给定计量单位除以大于 1 的整数得到的计量单位即分数单位（submultiple of a unit），如毫伏、微伏。

　　1. 国际单位制

　　对于给定量制中的单位及这些单位的使用规则，称为计量单位制。最常用的是国际单位制。国际单位制（SI）由国际计量大会批准采用的基于国际量制的单位制，包括单位名称和符号、词头名称和符号及其使用规则。

　　第 26 届国际计量大会受到极大关注的一个重要原因就是国际单位制的修订。新定义将影响 7 个 SI 基本单位中的 4 个：千克、安培、开尔文和摩尔，以及所有由它们导出的单位，例如伏特、欧姆和焦耳。千克由普朗克常数定义；安培由基本电荷常数定义；开尔文由玻尔兹曼常数定义；摩尔由阿伏伽德罗常数定义。

　　国际单位制（SI）由 SI 基本单位、SI 导出单位、SI 单位的倍数单位和分数单位构成。

　　国际单位制对彼此独立的七个基本量定义了相应的单位，称为 SI 基本单位。SI 基本单位共有 7 个，其名称和符号如表 1-1 所示。

表 1-1　　　　　　　　　SI 基本单位的名称和符号

基本量	量纲符号	基本单位的名称	基本单位的符号
长度	L	米	m
质量	M	千克（公斤）	kg

基本量	量纲符号	基本单位的名称	基本单位的符号
时间	T	秒	s
电流	I	安［培］	A
热力学温度	Θ	开［尔文］	K
物质的量	N	摩［尔］	mol
发光强度	J	坎［德拉］	cd

注　表中圆括号中的名称为同义词；方括号中的字在不致混淆的情况下，可以省略；
　　方括号前为其简称；单位名称的简称可用作该单位的中文符号。

　　SI 导出单位由基本单位组合而成，包含两部分：SI 辅助单位在内的具有专门名称的 SI 导出单位和组合形式的 SI 导出单位。具有专门名称的 SI 导出单位有 21 个，其名称和符号如表 1-2 所示。

表 1-2　　　　　具有专门名称的导出单位名称和符号

导出量	单位名称	单位符号	定义	换算关系
［平面］角	弧度	rad	圆内两条半径在圆周上截取的弧度长与半径相等时，这两条半径之间的平面角称为 1 弧度	—
立体角	球面度	sr	当一立体角顶点位于球心时，它在球面上截取的面积等于以球半径为边长的正方形面积时的立体角称为 1 球面度	—
频率	赫［兹］	Hz	周期为 1s 的周期现象的频率	$1Hz=1s^{-1}$
力	牛［顿］	N	使质量为 1kg 的物体产生 $1m/s^2$ 加速度的力	$1N=1kg \cdot m/s^2$
压力、压强、应力	帕［斯卡］	Pa	1N 的力均匀垂直地作用在 $1m^2$ 的面积上所产生的压强	$1Pa=1N/m^2$
能［量］、功、热量	焦［耳］	J	1N 的力使其作用点在力的方向上位移 1m 所做的功	$1J=1N \cdot m$
功率、辐［射能］通量	瓦［特］	W	1s 内产生 1J 能量的功率	$1W=1J/s$
电荷［量］	库［仑］	C	1A 恒定电流在 1s 内所传送的电荷量	$1C=1A \cdot s$

续表

导出量	单位名称	单位符号	定义	换算关系
电压、电动势、电位	伏［特］	V	载有 1A 恒定电流的导线在两点间消耗 1W 的功率时，这两点之间的电位差	1V=1W/A
电容	法［拉］	F	电容器充以 1C 电荷量，电容器两极板间产生 1V 电位差时，电容器的电容	1F=1C/V
电阻	欧［姆］	Ω	当导体两端施加 1V 恒定电压，在导体内产生 1A 电流时，导体两端间的电阻	1Ω=1V/A
电导	西［门子］	S	1 欧姆的倒数	$1S=1\Omega^{-1}$
磁通［量］	韦［伯］	Wb	单闸环路的磁通量在 1s 内均匀地减小到零时，环路内产生 1V 电动势时的磁通量	1Wb=1V·s
磁通［量］密度、磁感应强度	特［斯拉］	T	1Wb 的磁通量均匀垂直地通过 $1m^2$ 面积的磁通量密度	$1T=1Wb/m^2$
电感	亨［利］	H	闭合回路中流过的电流以 1A/s 的速率均匀变化，回路中产生 1V 的电动势时，闭合回路中的电感	1H=1V·s/A
摄氏温度	摄氏度	℃	摄氏温度和开尔文温度相差一个常数 273.15K	$t=T-273.15K$
光通量	流［明］	lm	1cd 的均匀点光源在 1sr 立体角内发射的光通量	1lm=1cd·sr
［光］照度	勒［克斯］	lx	1lm 光通量均匀分布在 $1m^2$ 表面上产生的光照度	$1lx=1lm/m^2$
［放射性］活度	贝可［勒尔］	Bq	每秒发生一次衰变的放射性活度	$1Bq=1s^{-1}$
吸收剂量	戈［瑞］	Gy	1J/kg 的吸收剂量	1Gy=1J/kg
剂量当量	希［沃特］	Sv	1J/kg 的剂量当量	1Sv=1J/kg

注 1．方括号中的字在不致混淆的情况下，可以省略；方括号前为其简称；单位名称的简称可用作该单位的中文符号。

2．平面角和立体角是量纲为一的量，其单位弧度和球面度是 SI 辅助单位。

除了上述具有专门名称的 SI 导出单位外，还有没有专门名称的 SI 导出单位。如：面积单位 m^2，平方米；速度单位 m/s，米每秒。

　　SI 倍数单位和 SI 分数单位是由 SI 词头加在 SI 基本单位或 SI 导出单位的前面所构成的单位，如：飞秒（fs）、千米（km）、毫伏（mV）等。应特别注意，千克（kg）是 SI 基本单位，千克（kg）不是倍数单位，此处的"千"也不做 SI 词头使用。

　　SI 词头共有 20 个，其名称和符号如表 1-3 所示。

表 1-3　　　　倍数单位和分数单位的 SI 词头名称和符号

中文名称	英文名称	符号	因数	中文名称	英文名称	符号	因数
十	deca	da	10^1	分	deci	d	10^{-1}
百	hecto	h	10^2	厘	centi	c	10^{-2}
千	kilo	k	10^3	毫	milli	m	10^{-3}
兆	mega	M	10^6	微	micro	μ	10^{-6}
吉［伽］	giga	G	10^9	纳［诺］	nano	n	10^{-9}
太［拉］	tera	T	10^{12}	皮［可］	pico	p	10^{-12}
拍［它］	peta	P	10^{15}	飞［母托］	femto	f	10^{-15}
艾［可萨］	exa	E	10^{18}	阿［托］	atto	a	10^{-18}
泽［它］	zetta	Z	10^{21}	仄［普托］	zepto	z	10^{-21}
尧［它］	yotta	Y	10^{24}	幺［科托］	yocto	y	10^{-24}

　　注　方括号中的字在不致混淆的情况下，可以省略；方括号前为其简称。

2. 我国法定计量单位

　　法定计量单位（legal unit of measurement）是国家法律、法规规定使用的计量单位，是以国家法令形式明确规定并在全国范围内统一执行。我国《计量法》规定，国家实行法定计量单位制度，国际单位制计量单位和国家选定的其他计量单位为国家法定计量单位。

　　结合我国国情，除了国际单位制中的计量单位外，还选定了 16 个非国际单位制单位作为法定计量单位。并且把"公斤"和"公里"作为法定单位的名称，与"千克""千米"等同使用。

　　国家选定的非国际单位制单位的法定计量单位的名称和符号如

表 1-4 所示。

表 1-4 非 SI 单位的法定计量单位名称和符号

导出量	单位名称	单位符号	换算关系
时间	分	min	1min=60s
	［小］时	h	1h=60min
	天（日）	d	1d=24h
平面角	度	°	1°=（π/180）rad
	［角］分	'	1'=（1/60）°
	［角］秒	"	1"=（1/60）'
旋转速度	转每分	r/min	1r/min=（1/60）s^{-1}
长度	海里	n mile	1n mile=1852m
速度	节	kn	1kn=1n mile/h
质量	吨	t	1t=10^3kg
	原子质量单位	u	1u≈1.660540×10^{-27}kg
体积	升	L（l）	1L=$10^{-3}$$m^3$
能	电子伏	eV	1eV≈1.602177×10^{-19}J
级差	分贝	dB	
线密度	特［克斯］	tex	1tex=10^{-6}kg/m
面积	公顷	Hm^2（ha）	1Hm^2=$10^4$$m^2$

注 1. 表中圆括号中的名称为同义词；方括号中的字在不致混淆的情况下，可以省略；方括号前为其简称；单位名称的简称可用作该单位的中文符号。
2. r 为"转"的符号。
3. 级差是量纲为一的量，其单位分贝是一个计数单位，等于功率比的常用对数的 10 倍。
4. 公顷的国际通用符号为 ha。

注意，在日常生活中，人们经常将平面角的单位符号混用为时间的单位符号，这是不符合我国法定计量单位规定的。如竞赛计时 5 分 16 秒写成"5'16""，而"5'16""表达的意思是一个平面角的度数为 5 角分 16 角秒，此处竞赛计时应写成"5min16s"，或用中文符号表示单位，写成"5 分 16 秒"。

综上，我国的法定计量单位组成关系如图 1-1 所示。

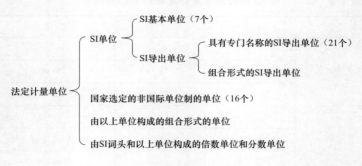

图 1-1　我国法定计量单位构成

3. 计量单位的使用规则

在我国须贯彻执行法定计量单位制度，执行中须注意法定计量单位的名称、单位和词头符号的正确读法和书写、正确使用单位和词头。在国家标准 GB 3100—1993《国际单位制及其应用》、GB/T 3101—1993《有关量、单位和符号的一般原则》、GB/T 3102—1993《量和单位》中对正确使用我国法定计量单位做出了规定和要求。

法定计量单位的使用规则如下：

计量单位和词头的符号，均用正体，不加间隔号。

单位符号的字母一般用小写，当单位名称来源于人名时，符号的第一个字母要大写，第二个字母小写，且均为正体。

组合单位的中文名称与其符号的顺序一致。符号中的乘号没有对应的名称，除号的对应名称为"每"。不论分母中有几个单位，"每"字只出现一次。

乘方形式的单位名称，指数名称在前，单位名称在后，相应的指数名称由数字加"次方"表示。如果长度的 2 次幂和 3 次幂表示面积和体积，则相应的指数名称为"平方"和"立方"，否则称为"二次方"和"三次方"。

因字母"m"既可以做单位"米"的符号，又可做词头"毫"

的符号，为避免混淆，"m"做单位使用时，尽量置于其他单位的右侧。

SI 单位的倍数单位根据使用方便的原则选取，一般使量的数值处于 0.1～1000 之间。SI 词头不得单独使用，也不能重叠使用。词头与单位符号之间不得有间隙或其他符号。词头符号与所紧接的单位符号应作为一个整体，共同组成一个新单位，且可与其他单位构成组合单位。组合单位的倍数单位一般只用一个词头，且词头加在第一个单位之前。分母中一般不用词头。行业习惯使用的倍数单位不受以上限制。

书写组合单位的名称时，不加任何表示乘或除的符号。

分子为 1、分母有量纲的组合单位的符号，一般不用分式表示，而用分母单位的负数幂的形式表示。

用斜线"/"表示相除时，分母中包含两个以上单位符号时，为避免混淆，整个分母应加圆括号，且一个组合单位的符号中斜线最多只能有一条。

进行运算时，组合单位中的除号可以用水平横线表示。

由两个以上单位相乘构成的组合单位，其中文符号表达时只能用居中圆点"·"代表乘号，其英文符号中乘号"·"可省略。

由两个以上单位相除构成的组合单位，其中文符号表达时可用斜线"/"代表除号，或用乘号"·"加单位负数幂的形式表达，其英文符号中乘号"·"可省略。

表示的量值为量值的和或差，应当加圆括号将数值组合，将共同的单位置于全部数值之后。如：$t=(20\pm0.1)℃$ 或 $t=20℃\pm0.1℃$，不得写成 $t=20\pm0.1℃$。

量纲为一量表示量值时不写单位。可用%代替数字 0.01，如：$r=0.8=80\%$。避免用‰代替 0.001，可用 0.1%表示。不使用 ppm、pphm 和 ppb 表示数值，它们既不是单位符号，也不是数学符号，仅仅是表示数值的英文缩写，ppm 用 10^{-6} 代替。

相对量值应表达为 55%～65%，不能写成 55～65%，也不写成

60%±5%。

四、计量法律法规

计量的法规体系分为三个部分，一是法律，二是法规，三是规章。法律是基础，具体实施还需制定相应的法规和规章。

1. 计量法律

《中华人民共和国计量法》（后文简称《计量法》）是为了加强计量监督管理，保障国家计量单位制的统一和量值的准确可靠，有利于生产、贸易和科学技术的发展，适应社会主义现代化建设的需要，维护国家、人民的利益，而制定的法律。是我国管理计量工作的基本法律，是实施计量监督管理的最高准则。2018 年 10 月 26 日，十三届全国人大常委会第六次会议审议通过了《计量法》的修订。共 6 章，34 条，涵盖立法的范围、法定计量单位、计量基准、计量标准、强制检定、计量器具管理、计量监督、法律责任、军工系统计量工作等内容。

计量的立法主要限定于对社会经济秩序、国家安全、人民利益等方面可能产生影响的范围内。纳入法制管理的计量器具，是指列入《中华人民共和国依法管理的计量器具目录》的计量装置、仪器仪表和量具。而对于教学示范、家用自用等计量器具，其管理和实施不在此范围内。

2. 计量法规

计量法规包括计量管理法规和计量技术法规。

计量管理法规是指国务院以及省、自治区、直辖市及较大城市的人民代表大会及其常委会为了实施计量法制定颁布的各种条例、规定和办法。计量管理规章是指国务院以及省、自治区、直辖市及较大城市的人民政府制定的办法、规定、实施细则等。

计量技术法规包括国家计量检定系统表、计量检定规程和计量技术规范。

国家计量检定系统表即国家溯源等级图，由国务院计量行政部门制定，是国家对量值传递的程序做出规定的法定技术文件，用图表结合文字的形式，规定了国家计量基准、各级计量标准至工作计量器具的量值传递关系。每一项国家计量基准对应一个计量检定系统表。计量检定必须按照国家计量检定系统表进行。

计量检定规程是检定计量器具时必须遵守的法定技术文件。它规定了适用范围、计量性能要求、检定条件、检定项目、检定方法、检定周期、结果处理等内容，并对计量器具作出合格与否的判定。国家计量检定规程由国务院计量行政部门组织制定，一般由建立国家基准的单位负责起草；没有国家计量检定规程的，由国务院有关部门和省、自治区、直辖市人民政府计量行政部门分别制定部门计量检定规程和地方计量检定规程；相应的国家计量检定规程实施后，部门和地方的计量检定规程即行废止。

计量技术规范包括涉及计量管理和普适性计量技术的通用计量技术规范和用于计量校准的专用计量技术规范，是进行有关评价、检验、测试时，在资料书写、计量性能、技术条件等方面必须遵守的规范性文件。计量技术规范由国务院计量行政部门组织制定。通用计量技术规范包含计量名词术语、评定与表示、编写与命名规则、考核评价等。专用计量技术规范包含各专业计量校准规范、特定测量方法等。

3. 计量技术法规的编号

计量技术法规的编号采用"××××—××××"的表示方法，分别为法规的"顺序号"和"年份号"，均用阿拉伯数字表示，年份号为批准的年份。

国家计量技术法规的编号分别为以下三种形式：

（1）国家计量检定规程用汉语拼音缩写 JJG 表示，编号为"JJG ××××—××××"。

（2）国家计量检定系统表用汉语拼音缩写 JJG 表示，编号为"JJG 2×××—××××"，顺序号为 2000 号以上。

（3）国家计量技术规范用汉语拼音缩写 JJF 表示，编号为"JJF ××××—××××"，其中国家计量基准、副基准操作技术规范顺序号为 1200 号以上。

地方和部门计量检定规程编号为 JJG（　）××××—××××，（　）里用中文字代表该检定规程的批准单位和实施范围。

4. 计量技术法规的使用

量值传递（dissemination of the value of quantity）通过对测量仪器的校准或检定，将国家测量标准所实现的单位量值通过各等级的测量标准传递到工作测量仪器的活动，以保证测量所得的量值准确一致。

量值溯源性（metrological traceability）通过文件规定的不间断的校准链，测量结果与参照对象联系起来的特性，校准链中的每一项校准都会引入测量不确定度。

量值传递和量值溯源是同一过程的两种不同的表达，量值传递是自上而下的逐级传递，量值溯源是自下而上的自愿行为，量值传递和量值溯源互为逆过程。都是把可测量的量从计量基准复现的量通过检定或校准，从准确度高到低地向下一级计量标准传递，直到工作计量器具。

为满足计量器具的溯源性而实施的校准应根据准确度的要求，在国家计量检定系统表中选择合适的溯源途径进行。

计量检定应选择与检定对象相对应的国家计量检定规程，没有国家计量检定规程的，可以采用部门或地方计量检定规程。校准应该优先选择国家计量校准规范，没有国家计量校准规范的，可参照相应的计量检定规程或与被校对象相适应的校准规范。

查看计量技术法规中的适用范围，选取正确适用的计量技术法规。检查计量技术法规的年份号、替代情况、发布日期、实施日期等，确保在实施期间，该计量技术法规是有效的。计量技术法规修订时，新版本发布实施后，旧版本作废，检定/校准工作应执行新版规程/规范。

计量检定规程中规定的检定条件、检定设备、检定项目、检定方法是针对被检仪器的计量性能要求制定的。执行检定规程，必须严格执行检定规程中的所有规定，保证检定结果的真实可靠。

正确执行计量校准规范中规定的计量标准、计量特性、测量程序、校准条件等，保证校准结果符合计量器具的预期使用要求。对于校准规范中规定的计量性能，可以针对特定的应用对校准内容进行裁剪。可根据测量的实际情况，对测量结果的不确定度进行分析评定。亦可针对目标不确定度，配备合适的校准设备。

五、计量检定、校准、检测

1. 计量检定

测量仪器的检定或计量器具的检定可简称计量检定或检定。检定（verification）是查明和确认测量仪器符合法定要求的活动，它包括检查、加标记和/或出具检定证书。是提供客观证据证明测量仪器满足规定的要求。检定是国家对计量器具进行管理的重要技术手段。检定的适用范围是《中华人民共和国依法管理的计量器具目录》中所列的计量器具。

计量检定有以下特点：

（1）检定的对象是计量器具（含标准物质），而不是一般的工业产品。

（2）检定的方法是依据计量检定规程。

（3）检定的目的是确认计量器具的计量性能是否符合法定要求，确保量值的统一和准确可靠。

（4）检定的结论是确定计量器具是否合格，是否允许使用。

（5）检定具有法制性，其对象是法制管理范围内的计量器具，有计量监督管理的性质。法定计量检定机构或授权的计量技术机构出具的检定证书，在社会上具有特定的法律效力。

（6）检定的工作内容是为确定计量器具是否符合该器具有关规定要求所进行的操作。该操作包括三方面的检查：①计量要求，确定计量器具的实际误差及其他计量特性，如测量不确定度、稳定性、分辨力等。②技术要求，确定必备的结构、安装要求、显示装置等。③行政管理要求，确认赋予计量器具法定特性的标识、铭牌、许可证等。

（7）检定的检查与确认步骤是依据国家计量检定系统表所规定的量值传递关系，将被检对象与计量基、标准进行技术比较。按照计量检定规程中的要求进行验证和评价。对计量器具是否合格或符合哪一准确度等级做出判定，并按要求出具证书或加盖印记。结论为合格的，出具检定证书和/或加盖合格印；结论为不合格的，出具检定结果通知书或注销原检定合格印、证。

计量检定按管理环节分类可分为首次检定和后续检定；按管理性质分类可分为强制检定和非强制检定。

首次检定（initial verification）是对未被检定过的测量仪器进行的一种检定。首次检定的对象是新生产或新购置的没有使用过的未检定过的计量器具。其目的是确认新的计量器具符合法定要求。所有依法管理的计量器具在投入使用前都要进行首次检定。

后续检定（subsequent verification）是测量仪器在首次检定后的一种检定。包括强制周期检定、修理后检定、周期检定有效期内的检定，也包括仲裁检定、进口检定等。其目的是检查确认计量器具是否仍然符合法定要求。

后续检定比首次检定更强调器具在经过使用后的整体性能，着重于因元器件老化、环境影响等可导致的计量器具性能的变化。因检定目的不同，后续检定和首次检定的检定项目可能不同，但性能要求是一致的。后续检定中，计量器具的计量性能不能满足要求时，可重新调整、修理后重新检定。当重新安装、修理对计量器具性能有重大影响时，原则上还是按照首次检定的要求进行。

强制周期检定（mandatory periodic verification）是后续检定的一种重要形式，是根据规程规定的周期和程序，对测量仪器定期进行的一种后续检定。按周期进行检定是强制检定计量器具必须遵守的法制性要求。检定规程中给出的检定周期是常规条件下的最长周期。这个周期的确定必须有充分的理由，提出所积累的检定数据，经过一定的审批手续，不得随意更改。确定检定周期的原则是计量器具在使用过程中，能保持所规定的计量性能的最长时间间隔。需根据计量器具的性能、使用环境条件、使用频次及经济合理等因素具体确定检定周期的长短。

仲裁检定（arbitrate verification）是用计量基准或社会公用计量标准进行的以裁决为目的的检定活动。是为处理因计量器具准确度引起的计量纠纷而进行的。由纠纷当事人向人民政府计量行政部门申请，或由司法部门、仲裁机构等委托人民政府计量行政部门进行。仲裁检定的检定结果具有法律效力。

强制检定是对于列入强制管理范围的计量器具由政府计量行政部门制定的法定计量检定机构或授权的计量技术机构实施的定点定期的检定。强制检定的对象分为强制检定的计量标准器具和强制检定的工作计量器具。使用者须在证书给定的检定有效期到期前按时送检。

强制检定的计量标准器具包括社会公用计量标准器具、部门和企事业单位使用的最高计量标准器具。属于强制检定计量标准器具的使用者应向主持考核该计量标准的政府计量行政部门申报，并向其指定的计量检定机构定期定点申请检定。

强制检定的工作计量器具是列入《中华人民共和国强制检定的工作计量器具目录》且用于贸易结算、安全防护、医疗卫生、环境监测中实际使用的工作计量器具，两个条件须同时具备缺一不可。属于强制检定工作计量器具的使用者应将此类计量器具登记造册，报当地政府计量行政部门备案，并向当地政府计量行政部门申请检定，由其指定的计量检定机构按周期检定。

非强制检定是所有依法管理的计量器具中除了强制检定以外的其他计量器具的检定。非强制检定不由政府强制实施，而是计量器具使用单位依法自行管理，定期检定或送计量检定机构检定。

2. 计量校准

校准（calibration）在规定条件下的一组操作，其第一步是确定由测量标准提供的量值与相应示值之间的关系、第二步是用此信息由示值获得测量结果的关系，这里测量标准提供的量值与相应示值都具有测量不确定度。通常，只把上述定义中的第一步认为是校准。校准可以用文字说明、校准函数、校准图、校准曲线或校准表格的形式表示。可以包含示值的具有测量不确定度的修正值或修正因子。校准不应与测量系统的调整（常被错误称作"自校准"）相混淆，也不应与校准的验证相混淆。 校准是按需溯源、确保量值准确一致的重要措施。

校准有以下特点：

（1） 校准的对象是测量仪器或测量系统，实物量具或参考物质。

（2） 校准的方法依据国家计量技术规范，尚未制定国家计量技术规范的，可采用经技术确认的校准方法或检定规程中的相关内容。

（3） 校准的目的是确定被校准对象的示值与对应的由计量标准所复现的量值之间的关系，以实现量值的溯源性。

（4） 校准工作的内容是按照合理校准技术文件所规定的校准条件、校准项目和校准方法，将被校对象与计量标准进行比较和数据处理。校准所得结果可以是给出被测量示值的校准值。这些校准结果的数据应清楚明确地表达在校准证书或校准报告中。报告校准值或修正值时，应同时报告它们的测量不确定度。

3． 计量检测

检测（testing）是对给定产品，按照规定程序确定某一种或多种特性、进行处理或提供服务所组成的技术操作。计量检测主要是指计量器具新产品和进口计量器具的型式评价、定量包装商品净含量及商品包装和零售商品称重计量检验，以及用能产品的能源效率标识计量检验。

4． 实施过程

实施检定、校准或检测任务，应确定检定、校准或检测实施的目的和要求，配备设备、人力、场所等资源，保留测量结果满足要求的证据记录。实施要素可总结为：方法、人员、设备、环境、原始记录。

（1）明确检定、校准或检测依据的文件。可以从合同、委托书或顾客要求中获知检定、校准或检测的目的，明确计量性能要求，选取依据的文件，确定采用的方法。所采用的方法均应是现行有效的版本。采用标准方法的可以从计量检定规程、国家计量技术规范、型式评价大纲、国家标准、国际标准等公开发布的文件中选取。采用非标准方法的都须经过方法确认后才能使用。非标方法包括自编校准方法、期刊发表的方法、制造商制定的方法等。方法确认可以采用实验室间比对、与其他方法所测结果进行比较、使用计量标准或标准物质进行校准、对影响结果的因素做系统性评审等方法。

（2）每个检定、校准或检测项目至少应有 2 名具有相应能力，并满足有关法律法规要求的人员。

（3）在计量检定规程或计量技术规范中明确规定了应使用的计量标准及其配套设备。若依据文件中未明确列出应使用的计量标准，可根据被检计量器具的准确度等级、最大允许误差、量程、量值、不确定度等信息，在国家计量检定系统标准找到相应的部分，选择国家计量检定系统表中上一级计量标准作为计量标准，并配备相应的配套设备。所有仪器设备均应经过检定或校准，并在有效期内使用。

（4）要达到检定、校准或检测结果的准确可靠，合适的环境条件是必不可少的，特别是测量结果需要根据环境条件进行修正，或环境干扰会严重影响测量结果准确性的。因此需要对试验环境条件进行监测和控制，使之保持在规定的范围内，并且对环境条件互不相容的项目采取有效隔离措施。

（5）检定、校准或检测的原始记录必须是信息或数据产生当时的记录，不能补记或誊抄。原始记录反映了客观事实、直接读取的数据，不得虚构或伪造。原始记录须包含足够的信息，以保证试验能尽可能在与原来相近的条件下复现。原始记录的内容包括：

检定、校准或检测对象的名称、编号、型号规格、原始状态、外观特征；测量过程中使用的仪器设备；检定、校准或检测的日期和人员；当时的环境参数、计量标准器提供的标准值和所获得的每一个被测数据；对数据的处理及结果的判断；测量结果的不确定度等。

第二章　误差与不确定度

第一节　误 差 的 概 念

要弄清误差的概念，需要补充几个关于量的定义。

量的真值（true quantity value）简称真值（true value），是与量的定义一致的量值。真值是客观存在的，但由于量的定义的不完善，以及测量手段的不完美，所以真值其实是不可得的。在实际测量中用约定量值来代替真值。

约定量值（conventional quantity value）是对于给定目的，由协议赋予某量的量值。在 JJF 1001—1998《通用计量术语及定义》中此概念被称为"约定真值"，JJF 1001—2011《通用计量术语及定义》中已修订为"约定量值"，并重新定义。"约定真值"不再推荐使用。对于给定目的，有时并不一定需要获得真值，只需要是与"真值"足够接近，且其不确定度满足测量需求的值。因此，约定量值有时是特定量的约定值，有时是真值的估计值，在给定目的中可以代替真值使用。约定量值通常有以下几种：

（1）采用权威组织推荐的该量的值。如：真空中的光速 $v=299792458m/s$，不是真实测量值，而是定义约定值；基本电荷 $e=1.602176565×10^{-19}C$，是物理学中约定的基本常数。

（2）由计量基准、计量标准复现而赋予的特定量的值。如：量值传递中计量标准的测量不确定度足够小，满足传递需求，认为计量标准的输出量值接近特定量的"真值"，可作约定量值。

（3）用某量的多次测量结果来确定该量的约定量值。如：计量实务中，以多次测量所得最佳估计值作为该被测量的约定量值。

参考量值（reference quantity value）简称参考值，用作与同类量的值进行比较的基础的量值。参考量值可以是被测量的真值，也可以是约定量值。带有测量不确定度的参考量值可以由以下参照对象提供：

（1）一种物质，如有证标准物质。

（2）一个装置，如标准源。

（3）一个参考测量程序。

（4）与测量标准的比较。

被测量（measurand）拟测量的量。影响量（influence quantity）在直接测量中不影响实际被测的量，但会影响示值与测量结果之间关系的量。测量中环境温度、湿度、振动、磁场、计量标准的输入值、测量方法等会对测量过程产生影响。虽然不会影响被测量本身的量值，但是会干扰或影响我们通过测量工具读取的测得值，从而影响测量结果的准确程度。如：用数显式仪表测量某铁棒的长度，环境磁场并不会影响铁棒的真实长度，但会影响数显仪表的示值；测量某铁棒在 20℃时的长度，测量环境的实际温度与 20℃之间的偏差，或温场的均匀度，会影响测量结果的示值。因此，要获得准确的测量结果，需按测量目的，对被测量的定义及有关影响量进行必要的说明。

测量误差（measurement error）简称误差（error），是指测得的量减去参考量值。参考量值可能是真值，也可以是约定量值。因真值不可得或约定量值存在不确定度，此时测量误差也称测量误差的估计值。测量误差是客观存在的，不是测量中的错误或者过失，测量过错导致的通常称为"粗大误差"或"过失误差"，要注意区分使用。

测量误差反映的是测得值偏离参考量值的程度。通常是指"绝对误差"（注意不是误差的绝对值）。误差必须注明误差值的符号，当测得值大于参考量值时用正号，反之用负号，不能省略。有时也用相对形式表示，绝对误差与被测量参考量值之比称为相对误差，常用百分数或指数幂表示。相对误差同样也有正号或符号，它是一个相对量，量纲为一。

绝对误差计算式为

$$D = x - x_0 \tag{2-1}$$

式中　D——测量误差（绝对误差）；

$\quad\quad x$——测得的量；

$\quad\quad x_0$——参考量值。

相对误差计算式为

$$\delta = \frac{D}{x_0} \times 100\% = \frac{x - x_0}{x_0} \times 100\% \tag{2-2}$$

式中　δ——相对误差；

$\quad\quad D$——绝对误差；

$\quad\quad x$——测得的量；

$\quad\quad x_0$——参考量值。

误差的判断与处理方法如下。

（1）系统误差。测量误差按误差的性质不同可分为系统测量误差和随机测量误差。

系统测量误差（systematic measurement error）简称系统误差，是在重复测量中保持不变或按可预见方式变化的测量误差的分量。

对同一被测量进行无限次测量所得结果的平均值可看作测量结果的最佳估计值。用该值与被测量的真值（或约定量值）之差可作为系统误差的估计值。

系统误差的估计值计算式为

$$\Delta = x - x_s \tag{2-3}$$

式中　Δ——系统误差的估计值；

$\quad\quad x$——测量结果的最佳估计值或示值；

$\quad\quad x_s$——约定量值或标准值。

在规定的测量条件下多次重复测量同一个被测量，从被测量的测得值与计量标准所复现的量值之差可以发现并得到恒定的系统误差的估计值。

在测量条件改变时，测得值按一定的规律线性或非线性地变化，可以发现测量结果再存在的可变系统误差。

（2）系统误差的消除或减小。

系统误差可以通过优化测量方法或增加修正补偿来消除或减小。通过修订原理定义、调整测量仪器至最佳状态等方法来减少产生系统误差的因素，如调整仪器水平，用数显读数代替人为读数。通过改变测量方法（异号法、交换法、替代法、对称测量法、周期消除法等），使系统误差抵消而不带入测得值中，如等臂天平称重时，用交换测量消除两臂不等引入的系统误差。增加修正值或修正因子，来减小已知的系统误差。因修正值或修正因子也是估计值，所以修正只能减小或抵消部分系统误差。当修正数据多且函数关系复杂时，可以用修正曲线或修正值表的形式给出修正值。

修正（correction）对估计的系统误差的补偿。补偿可以是加修正值或乘修正因子。因系统误差的估计值有不确定度，所以修正不能完全消除系统误差，只能一定程度上减小系统误差。修正值与系统误差估计值大小相等，符号相反。

修正值的计算式为

$$C = -\Delta \tag{2-4}$$
$$x_c = x + C \tag{2-5}$$

式中　C——修正值；

　　Δ——系统误差的估计值；

　　x_c——修正后的测量结果；

　　x——测量结果的最佳估计值或示值。

（3）随机误差。随机测量误差（random measurement error）简称随机误差，是在重复测量中按不可预见方式变化的测量误差的分量。随机误差的参考量值是对同一被测量由无穷多次重复测量得到的平均值。

因实际工作中不可能做到无穷多次重复测量，所以随机误差是得不到的，不可定量描述。它的随机分布反映了测得值的分散性。分散性可以用实验标准偏差表征。

用有限次测量的数据得到标准偏差的估计值称为实验标准偏差，用符号 s 表示。

（4）实验标准偏差的估计方法。

在相同的测量条件下，对同一被测量 X 进行 n 次重复测量，每次测得值为 x_i，测量次数为 n。其算数平均值为

$$\overline{x} = \frac{1}{n} \sum_{i=1}^{n} x_i \qquad (2\text{-}6)$$

其实验标准偏差的估计方法有：贝塞尔公式法、最大残差法、极差法、较差法。

贝塞尔公式法适用于测量次数较多的情况。极差法和最大残差法使用简单，适用于测量次数较少且数据的概率分布为正态分布的情况。数据的概率分布偏离正态分布较大时，以贝塞尔公式的结果为准。较差法更适用于随机过程的方差分析。

1）贝塞尔公式法。计算式为

$$S(x) = \sqrt{\frac{\sum_{i=1}^{n} (\upsilon_i)^2}{n-1}} = \sqrt{\frac{\sum_{i=1}^{n} (x_i - \overline{x})^2}{n-1}} \qquad (2\text{-}7)$$

式中　　$S(x)$ ——测得值 x 的实验标准偏差；

$\qquad x_i$ ——第 i 次测量的测得值；

$\qquad \overline{x}$ ——n 次测量的算数平均值；

$\upsilon_i = x_i - \overline{x}$ ——残差。

2）最大残差法。计算式为

$$S(x) = c_n |\upsilon_{max}| \qquad (2\text{-}8)$$

式中　　c_n ——残差系数，见表 2-1；

$\qquad \upsilon_{max}$ ——残差最大值。

表 2-1　　　　　　　　残差系数 c_n 表

n	2	3	4	5	6	7	8	9	10	15	20
c_n	1.77	1.02	0.83	0.74	0.68	0.64	0.61	0.59	0.57	0.51	0.48

3）极差法。计算式为

$$S(x) = \frac{R}{C_n} = \frac{x_{max} - x_{min}}{C_n} \qquad (2-9)$$

式中　$R = x_{max} - x_{min}$——极差；

　　　　C_n——极差系数，见表 2-2。

表 2-2　　　　　　　　　　　　极差系数 C_n 表

n	2	3	4	5	6	7	8	9	10	15	20
C_n	1.13	1.69	2.06	2.33	2.53	2.70	2.85	2.97	3.08	3.47	3.74

4）较差法。计算式为

$$S(x) = \sqrt{\frac{\left(x_2 - x_1\right)^2 + \left(x_3 - x_2\right)^2 + \cdots + \left(x_n - x_{n-1}\right)^2}{2(n-1)}} \qquad (2-10)$$

（5）算术平均值的实验标准偏差。

多次测量的算数平均值的实验标准偏差是单次测量实验标准偏差的$1 / \sqrt{n}$ 倍。

算术平均值的实验标准偏差为

$$S(\overline{x}) = \frac{S(x)}{\sqrt{n}} \qquad (2-11)$$

由式（2-11）可知，当测量次数增加则 $S(\overline{x})$ 减小，即算数平均值的分散性减小。增加测量次数，用多次测量的算术平均值作被测量的最佳估计值，可以减小随机误差。随着测量次数 n 的增加，算术平均值的实验标准偏差减小的程度减弱，而又会增加人力、时间、设备损耗等成本，所以通常 $n=3 \sim 20$。

（6）粗大误差。粗大误差（abnormal value）在对一个被测量重复观测所获得的若干观测结果中，出现了与其他值偏离较远且不符合统计规律的个别值，它们可能属于意外或偶然的测量错误，也称为异常值、离群值。如电磁干扰、振动、记录错误、仪器故障等。异常值会造成数据结果的歪曲，为获得更客观的测量结果，应剔除异常值。

在测量过程中，读错、记错、仪器跳动、异常振动引起的已知原因的异常值，应随时发现随时剔除。而对于不能确定的怀疑值，可以用统计判别法进行甄别。

（7）粗大误差的剔除。判别异常值常用的统计方法有：拉依达准则（又称 3σ 准则）、格拉布斯准则、狄克逊准则。

对同一被测量 X 进行 n 次重复测量，每次测得值为 x_i，测量次数为 n，可疑值为 x_d。

拉依达准则：当 x_d 满足式（2-12）时，x_d 为异常值，即

$$|x_d - \overline{x}| \geqslant 3s \qquad (2\text{-}12)$$

式中　$\overline{x}$——测得值的平均值；

　　　s——按贝塞尔公式计算出的实验标准偏差。

格拉布斯准则：当 x_d 满足式（2-13）时，x_d 为异常值，即

$$\frac{|x_d - \overline{x}|}{s} \geqslant G(\alpha, n) \qquad (2\text{-}13)$$

式中　$G(\alpha, n)$——格拉布斯临界值；

　　　α——显著性水平。

狄克逊准则：将所得重复观测值按从小到大规律排列得到：x_1，x_2，x_3，…，x_n。按以下几种情况计算统计量 γ_{ij} 或 γ'_{ij}。

在 $n=3\sim7$ 时：$\gamma_{10} = \dfrac{x_n - x_{n-1}}{x_n - x_1}$，　$\gamma'_{10} = \dfrac{x_2 - x_1}{x_n - x_1}$ $\qquad (2\text{-}14)$

在 $n=8\sim10$ 时：$\gamma_{11} = \dfrac{x_n - x_{n-1}}{x_n - x_2}$，　$\gamma'_{11} = \dfrac{x_2 - x_1}{x_{n-1} - x_1}$ $\qquad (2\text{-}15)$

在 $n=11\sim13$ 时：$\gamma_{21} = \dfrac{x_n - x_{n-2}}{x_n - x_2}$，　$\gamma'_{21} = \dfrac{x_3 - x_1}{x_{n-1} - x_1}$ $\qquad (2\text{-}16)$

在 $n\geqslant14$ 时：$\gamma_{22} = \dfrac{x_n - x_{n-2}}{x_n - x_3}$，　$\gamma'_{22} = \dfrac{x_3 - x_1}{x_{n-2} - x_1}$ $\qquad (2\text{-}17)$

设 $D(\alpha, n)$ 为狄克逊检验的临界值：

当 $\gamma_{ij} > \gamma'_{ij}$，$\gamma_{ij} > D(\alpha, n)$ 时，x_n 为异常值；

当 $\gamma_{ij} < \gamma'_{ij}$，$\gamma'_{ij} > D(\alpha, n)$ 时，x_1 为异常值。

否则没有异常值。

使用狄克逊准则，可多次剔除异常值，但每次只能剔除一个，并重新排序计算统计量 γ_{ij} 和 γ'_{ij}，再进行下一个异常值的判断。

三种判别准则可以根据测量情况区分使用。当 n 充分大时，通常 $n > 50$，用拉依达准则；当 $3 < n < 50$ 时，用格拉布斯准则，适用于单个异常值；当有多个异常值时，用狄克逊准则。实际工作中，在较高要求下，可以选用多个准则同时进行。若结论相同，可放心剔除。若结论出现矛盾，通常选 $\alpha = 0.01$。当出现既可能是异常值又可能不是异常值的情况时，一般以不是异常值处理。

第二节　不确定度的概念

"真值"是与量的定义完全一致的值，是客观存在的值。想要通过测量来得到这个值，需要理想化的完美测量，实际是不可实现的。测量程序、原理、仪器、人员等因素都会影响测量结果。由于测量过程中无法控制和不可消除的因素，使得测量结果出现在一个特定范围内，虽然测量结果存在不确定性，但是这个范围的取值宽度可评定。这个测量结果出现的不确定的区间宽度就用测量不确定度表达，不确定度数值等于该区间的半宽度。

测量不确定度（measurement uncertainty）简称不确定度，是根据所用到的信息，表征赋予被测量量值分散性的非负参数。测量不确定度与测量误差有本质区别，它反映的是测量结果可能的取值范围。任何测量，其结果可以表示为"测量结果+不确定度"。

测量不确定度产生的根本原因是人们对于客观事物认识的模糊性，使得赋予事物的概念不明确，或测量条件不理想。人们虽然可以认识到这些影响的存在，却无法完全避免，所以测量不确定度只能减小不能消除。

测量不确定度由若干分量组成，其中一些分量可以用一系列观测值的统计分析，用实验标准差表征。有些分量是用经验或信息假设的概率分布获得。由此，测量不确定度的评定方法可分为 A 类评定和 B 类评定。在规定观测条件下，测得的量值用统计分析的方法进行测量不确定度分量的评定为 A 类评定。A 类评定主要有贝塞尔法、极差法、最小二乘法等，其中基本方法是贝塞尔法。用不同于测量不确定度 A 类评定的方法对测量不确定度分量进行的评定为 B 类评定。B 类评定根据有关信息估计经验概率分布得到标准偏差估计值，信息来源主要有以前的测量资料、说明书、国家标准中给出的限值、经验估计等。

一、不确定度的表示与评定

测量不确定度的评定方法依据 JJF 1059 进行。测量不确定度由多个分量组成，测量不确定度的来源分析一般从测量仪器、测量环境、测量方法、被测量、实施过程等全面考虑，应尽可能做到不遗漏、不重复。如果已经对测量结果进行了修正，给出的是已修正测量结果，则还要考虑修正值不完善引入的测量不确定度。

1. 不确定度的表示

用标准偏差表示的测量不确定度，称为标准不确定度（u）。不同来源引入的标准不确定度可表示为标准不确定度分量（u_i），相对标准不确定度表示为 u_r 或 u_{rel}。无论各输入量的标准不确定度是由 A 类还是 B 类评定获得，合成标准不确定度（u_c）由各个标准不确定度分量合成得到。扩展不确定度（U）由合成标准不确定度 u_c 乘包含因子 k 得到。包含因子 k 的值根据所需的包含概率来选取。相对扩展不确定度用 U_r 或 U_{rel} 表示。当明确规定包含概率为 p 时，其包含因子为 k_p，相应的扩展不确定度为 U_p。

2. GUM 法不确定度评定

GUM 法主要适用以下条件：可以假设输入量的概率分布呈对称分布；可以假设输出量的概率分布近似为正态分布或 t 分布；测量模型为线性模型、可以转化为线性的模型或可用线性模型近似的模型。当评定复杂模型的测量不确定度时，GUM 法计算非常复杂，尤其是偏导数求解。当输出量的概率分布明显不对称时，采用 GUM

法可能会得出不切实际的包含区间。

当不能同时满足上述 GUM 法的适用条件时，可考虑采用蒙特卡洛法评定测量不确定度。有时虽然 GUM 法的适用条件不完全满足，当用 GUM 法评定的结果得到蒙特卡洛法验证时，则依然可以用 GUM 法评定测量不确定度。因此，GUM 法依然是评定测量不确定度的最基本的方法。

GUM 评定不确定度的步骤如下：

（1）明确被测量，建立测量数学模型。数学模型就是用数学语言给出物理量之间的关系式。测量中的数学模型一般指得到被测量的数学计算式，特别是在间接测量中，被测量不能直接得到，需要通过若干别的被测量，按一定的关系式计算得出。如被测量 Y 由 X_1、X_2、X_3 等被测量计算得出，函数 $Y=f(X_1、X_2、X_3)$ 就是数学模型。测量不确定度通常由测量过程的数学模型和不确定度的传播率来评定。

（2）评定测量模型中各输入量的标准不确定度 $u(x_i)$，计算灵敏系数 c_i，给出相应输出量的不确定度分量。

若被测量 X 在同一测量条件下进行 n 次独立重复测量，测得值为 x_i，当用算术平均值作为被测值的最佳估计时，被测量估计值的 A 类评定标准不确定度 $u(x)$ 为

$$u(x) = S(\overline{x}) = \frac{S(x)}{\sqrt{n}} \qquad (2\text{-}18)$$

若被测量 X 根据有关或经验判断被测量可能的取值区间为 $[x-a, x+a]$，且根据包含概率 p 估计包含因子 k，则被测量 X 的 B 类评定标准不确定度 $u(x)$ 为

$$u(x) = \frac{a}{k} \qquad (2\text{-}19)$$

此处 a 被称为区间半宽度，a 通过技术资料、仪器特性、证书数据等得出，例如说明书中给出的最大允许误差 $\pm a$ 或数显仪器中 a 为装置分辨率的 1/2。

包含因子 k 根据概率分布 p 来估计。

若被测量受互相独立的随机量影响，影响量变化各不相同，但影响均很小时，可认为被测量的随机变化接近正态分布；有证书或报告给出的扩展不确定度为 U_p，可按正态分布来评定标准不确定度。

当只能估计被测量的取值上下限，且被测量的取值不会落在上下限以外的区域时，若测得值在该区间内取值的可能性相同，则可认为均匀分布，又称矩形分布；若测量值落在该区间中心的可能性最大，则可认为三角分布；若测量值落在该区间中心的可能性最小，而落在该区间上下限处的可能性最大，则可认为反正弦分布；通常判断不了测量值在区间内的情况时，按均匀分布估计。

已知被测量的分布是两个大小不同的均匀分布合成时，可认为是梯形分布。

实际工作中可依据研究结果或经验来假设概率分布。

根据概率分布 p 确定 k 值，概率分布与 k 之间的关系见表 2-3。

表 2-3　　　　　　概率分布 p 与包含因子 k 值的关系

数据分布	p	k
正态	0.50	0.676
	0.90	1.64
	0.95	1.96
	0.99	2.58
	0.9973	3
反正弦	1	$\sqrt{2}$
均匀（矩形）	1	$\sqrt{3}$
三角	1	$\sqrt{6}$
梯形（$\beta=0.71$）	1	2
两点	1	1

（3）计算合成标准不确定度。

被测量的测量模型 $Y=f(X_1、X_2\cdots X_n)$，则其函数为 $y=f(x_1、x_2\cdots x_n)$，灵敏系数 c_i 通常是对测量函数 f 在 x_i 处的偏导得出的。它表明了输入量 x_i 的不确定度 $u(x_i)$ 对被测量不确定度 u_c 影响的灵敏程度。

当各输入量之间不相关，且 u_c 由被测量 y 的标准不确定度分量合成时，y 的合成标准不确定度为

$$u_c = \sqrt{\sum_{i=1}^n u_i^2} \tag{2-20}$$

（4）扩展不确定度。扩展不确定度 U 由合成标准不确定度 u_c 乘包含因子 k 得到，即

$$U=ku_c \tag{2-21}$$

当测得值落在 U 所给的包含区间内的概率接近正态分布时，为了方便测量结果之间相互比较，通常取 $k=2$ 或 3。

当 $k=2$ 时，则 $U=2u_c$，测得值落在 U 所确定区间的概率约为 95%；

当 $k=3$ 时，则 $U=3u_c$，测得值落在 U 所确定区间的概率约为 99%以上。

当给出扩展不确定度时，应标明所取的 k 值，或用具有包含概率 p 的符号 U_p 表示，即

$$U_p=k_pu_c \tag{2-22}$$

如：U_{95} 表示包含概率为 95%时的扩展不确定度，$U_{95}=k_{95}\times u_c\approx 2u_c$。

二、测量不确定度分析实例

分析实例见表 2-4。

表 2-4   0.05 级数字压力计标准装置测量不确定度分析示例

1. 测量方法：将数字压力计和精密压力表安装在压力校验器上，依据 JJG 49—2013《弹性元件式精密压力表和真空表》检定规程的检定方法，用该计量标准装置对弹性元件式精密压力表进行测量。采用直接比较法，当数字压力计到达测量点时，读取精密压力表轻敲后的示值，并记录相应的测量值，按照正反行程逐点升压和降压进行两个循环的测量。	明确评定依据和测量方法

2．测量依据：JJG 49—2013《弹性元件式精密压力表和真空表》。 3．计量标准：数字压力表，准确度等级为 0.05 级，测量范围为 0～4MPa。 4．被测对象：弹性元件式精密压力表，准确度等级为 0.25 级，测量范围为 0～4MPa	
5．数学模型 $$\delta = p_c - p_s$$ 式中　δ——精密压力表的示值误差，MPa； 　　　p_c——被测表的示值，MPa； 　　　p_s——标准表的示值，MPa	建立数学模型
6．计算灵敏系数 $c_1 = \partial\delta/\partial p_c = 1$ $c_2 = \partial\delta/\partial p_s = -1$	计算灵敏系数
7．计算标准不确定度分量	分析不确定度分量
7.1　输入量 p_c 引入的不确定度 $u(p_c)$ 输入量的标准不确定度主要考虑精密压力表的测量重复性和精密压力表显示值的分辨力，两者引入的标准不确定度分量属于同一种效应导致的不确定度，应取两者较大者	分量 $u(p_c)$ 因各个影响量产生，独立分析各个影响量
7.1.1　测量重复性引入的标准不确定度分量 $u_1(p_c)$ 对选定的精密压力表在 4MPa 点进行 10 次重复性测量，用贝塞尔公式算得单次实验标准偏差 s，重复性测量引入的标准不确定度等于单次测量的实验标准差，即 $$u_1(p_c) = S = 0.00101\text{MPa}$$	通过重复测量，用贝塞尔公式计算标准偏差（系统自校获取标准偏差），A 类评定
7.1.2　精密压力表的分辨力引入的标准不确定度分量 $u_2(p_c)$ 精密压力表的分度值为 0.02MPa，压力表的读数按分度值的 1/10 估读，则分辨力的区间半宽度 $u = 0.02\text{MPa}/10 = 0.002\text{MPa}$，服从均匀分布，则由显示值的分辨力引入的标准不确定度为 $$u_2(p_c) = \frac{0.002}{\sqrt{3}} = 0.0011\text{MPa}$$ 由于 $u_2(p_c) > u_1(p_c)$，因此输入量 p_c 引入的不确定量为 $u(p_c) = u_2(p_c) = 0.0011\text{MPa}$	计算分辨力引入标准不确定度分量，并与重复性引入不确定度分量比较
7.2　输入量 p_s 的标准不确定度 $u(p_s)$ 的评定 输入量 p_s 的标准不确定度的主要来源为数字压力表的最大允许示值误差，最大允许误差服从均匀分布。由 p_s 引入不确定度分量为 $$u(p_s) = \frac{4\text{MPa}\times 0.05\%}{\sqrt{3}} = 0.0012\text{MPa}$$	分量 $u(p_s)$ 通过查说明书资料，最大允许误差作区间半宽度，估计概率分布，B 类评定

8. 标准不确定度汇总表					汇总各类不确定度
标准不确定度分量	不确定度来源	标准不确定度	灵敏系数 c_i	$\|c_i\| \times u(x_i)$	
$u(p_c)$	精密压力表重复性	0.0011MPa	1	0.0011MPa	
$u(p_s)$	数字压力表最大允许误差	0.0012MPa	−1	0.0012MPa	

9. 合成标准不确定度的计算 因 x_i 彼此独立，所以合成标准不确定度 $u_c(y)$ 为 $$u_c(y) = \sqrt{[\|c_1\|u(p_c)]^2 + [\|c_2\|u(p_s)]^2} = 0.0012\text{MPa}$$	计算合成标准不确定度
10. 扩展不确定度的确定 取包含因子 $k=2$，扩展不确定度为 $U_{95} = k \times u_c(y) = 2 \times 0.0012\text{MPa} = 0.0024\text{MPa}$	计算扩展不确定度

第三章　测量结果的处理与报告

　　任何测量都存在不确定度，测量结果是被测量 Y 的最佳估计值 y，y 一般由数据列的算术平均值给出。一个完整的测量结果，不仅要给出被测量的最佳估计值，还应该给出其测量不确定度。

一、有效数字和数据修约

　　当用近似值表示一个量的数值时，需要进行数据修约。数值的左起第一个不是零的数字到最末一位数的全部数字称为有效数字。如数值 0.003060，其左侧的三个零均为无效零，而其末尾的零可认为是精确到的位数，为有效零。因此，数值左边的 0 不是有效数字，数值中间和右边的 0 是有效数字。数值 0.003060 为四位有效数字；3.14 为三位有效数字，若要保留四位有效数字，则写为 3.140；15000 为五位有效数字，若取二位有效数字则变为 15×10^3，若取三位有效数字则变为 150×10^2。

　　在测量中，通常得到的数据可能有若干位数，甚至无穷位数，这就需要根据应用需求对数值按一定的规则将多余的数字进行取舍，称为数据修约。准确表达测量结果及其测量不确定度必须进行数据修约。

　　通用的数据修约规则为：以保留数字的末位为单位，末位后的数字大于 0.5 者，末位进一；末位后的数字小于 0.5 者，末位不变；末位后的数字等于 0.5 者，则末位进一或不变使末位为偶数。即"四舍六入，逢五凑双"。

　　例如：将下列数据保留两位有效数字，则有

　　3.752→3.8　保留数字末位为 7，其后数字大于 0.5，7 进一变 8。

　　3.712→3.7　保留数字末位为 7，其后数字小于 0.5，7 不变。

　　3.750→3.8　保留数字末位为 7，其后数字等于 0.5，7 进一变偶为 8。

3.650→3.6   保留数字末位为 6，其后数字等于 0.5，6 为偶不变。

测量不确定度的修约规则为：测量不确定度最多为两位有效数字。测量要求较高时，一般取两位有效数字；对测量要求不高的情况可以保留一位有效数字；当第一位有效数字为 1 或 2 时，应保留两位有效数字。最终报告时，测量不确定度的有效位数究竟是一位还是两位，取决于修约后的近似值的误差限占测量不确定度的比例大小。测量中为保证数据安全，也可将不确定度的保留数末位后的数字全部进位而不舍去。

例如：将下列不确定度修约，则有

U=1.52nm→U=2nm   一位有效数字，末位 1 后的数字大于 0.5，进位。

U=1.52nm→U=1.5nm   两位有效数字，末位 5 后的数字小于0.5，舍去。

U=1.52nm→U=1.6nm   两位有效数字，末位 5 后数字不判大小，全部进位。

不连续修约规则：数据修约在确定修约位数后一次性修约得到结果，不可多次连续修约。

例如：正确修约 13.456mm→13mm。

错误修约 13.456mm→13.47mm→13.5mm→14mm。

二、测量结果的表示

完整的测量结果应包含：被测量的最佳估计值，通常是多次测量的算术平均值或由函数式计算得到的输出量的估计值；测量不确定度，说明该测量结果的分散性或测量结果所在的具有一定概率的统计包含区间。

在基础计量学研究、基本物理常量测量、复现国际单位制单位的国际比对中，常用合成标准不确定度报告测量结果。它表示测量结果的分散性大小，便于测量结果间的比较。

除有规定或有关各方约定采用合成标准不确定度外，通常测量结果的不确定度都用扩展不确定度表示。尤其工业、商业及涉及健康和安全方面的测量时，都报告扩展不确定度。因为扩展不确定度可以表明测量结果所在的一个区间，以及用概率表示在此区间内的可信程度，它比较符合人们的习惯用法。

在证书中给出测量不确定度必须指明是合成标准不确定度还是扩展不确定度。在测量结果中有多个同等重要的参数时，应分别给出各个参数的测量结果不确定度。在测量结果的测量不确定度在整个测量范围内差异不大，满足量值传递要求的前提下，整个测量范围的测量不确定度可取最大值。当整个测量范围内的测量不确定度有明显差异或有规律变化时，应以分段或者函数的形式给出每个校准点相应的测量不确定度。

测量结果可以表示为

$$Y=y\pm U（k=2）$$

式中　Y——被测量；

　　　y——被测量的最佳估计值；

　　　U——测量扩展不确定度；

　　　k——包含因子。

$k=2$ 表示被测量的值在 $y\pm U$ 区间内的概率约是 95%，U 是包含区间的半宽度。

测量结果和不确定度一般应修约到末位对齐，即相同单位情况下，小数点后的位数一样或整数的末位一致。

带有不确定度的测量结果报告形式举例如下。

标准砝码的质量为 m_s，测得的最佳估计值为 10.33245g，合成标准不确定度为 u_c 为 0.00042g，取包含因子 $k=2$，其扩展不确定度 U 为 0.84mg。

其测量结果的合成标准不确定可表示为：

（1）m_s=10.33245g；u_c=0.42mg。

（2）m_s=10.33245（42）g。括号内是合成标准不确定，其末位与前面结果的末位对齐。

（3）m_s=10.33245（0.00042）g。括号内是合成标准不确定，与前面结果的计量单位相同。

其测量结果的扩展不确定需注明包含因子，可表示为：

（1）m_s=10.33245g；U=0.84mg；k=2。

（2）m_s=（10.33245±0.00084）g；k=2。

第四章　数据和测量仪器特性

第一节　示值误差、最大允许误差

一、示值误差

计量器具的示值误差（error of indication）是指测量仪器的示值与对应输入量的参考量值之差。在计量检定时，用高一级计量标准所提供的量值作为参考值，被检仪器的指示值称为示值。则示值误差可以用式（4-1）表示，即

$$示值误差=示值–参考值 \tag{4-1}$$

示值误差用绝对误差表示，即 $D = x - x_0$ （4-2）

式中　D ——用绝对误差表示的示值误差；

　　　x ——被检仪器的示值；

　　　x_0 ——标称值。

示值误差用相对误差表示，即

$$\delta = \frac{D}{x_0} \times 100\% \tag{4-3}$$

式中　δ ——相对误差表示的示值误差；

　　　D ——绝对误差；

　　　x_0 ——标称值。

二、最大允许误差

最大允许测量误差简称最大允许误差（maximum permissible errors），是对给定的测量、测量仪器或测量系统，由规范或规程所允许的，相对于已知参考量值的测量误差的极限值。最大允许误差有上限和下限，通常为对称限，表示时要加"±"号。

最大允许误差可以用绝对误差、相对误差、引用误差或者它们

的组合形式来表示。

（1）用绝对误差表示的最大允许误差。用标称值作为参考量值 x_0，说明书给出的最大允许误差±D 即示值误差的上下限，则器具的示值在 $x_0\pm D$ 范围内。

（2）用相对误差表示的最大允许误差。在测量范围内，每个示值的绝对误差限是不同的。例如：测量范围是 1～10V 的电压表，其最大允许误差为±1%，该表在 1V 时的绝对允许误差限是 1V×（±1%）=±0.01V，而在 10V 时的绝对允许误差限是 10V×（±1%）=±0.1V。

最大允许误差用相对误差的形式表示，有利于在整个测量范围内的技术指标用一个误差限来表示。

三、用引用误差表示的最大允许误差

引用误差是绝对误差与特定值之比的百分数。特定值通常指仪器测量范围的上限值或量程。计算式为

$$\varepsilon = \frac{D}{\text{FS}} \times 100\% \qquad (4\text{-}4)$$

式中　ε——引用误差；

D——绝对误差；

FS——量程作为特定值。

用引用误差表示最大允许误差时，仪器在不同示值上用绝对误差表示的最大允许误差相同，因此越使用到测量范围的上限时相对误差越小。

组合形式表示的最大允许误差。例如：电压表的最大允许误差为±（$1\times10^{-3}\times$量程+$1\times10^{-5}\times$读数），就是引用误差和相对误差的组合。用组合形式表示最大允许误差时，"±"应在括号外。

四、符合性判定

计量器具（测量仪器）的合格评定又称符合性评定，就是评定仪器的示值误差是否在最大允许误差范围内，也就是测量仪器是否符合其技术指标的要求，凡符合要求的判为合格。

　　评定的方法就是将被检计量器具与相应的计量标准进行技术比较，在检定的量值点上得到被检计量器具的示值误差，再将示值误差与被检仪器的最大允许误差相比较确定被检仪器是否合格。

　　检定时，对测量仪器特性进行符合性评定时，若示值误差的不确定度 U_{95} 与被评定测量仪器的最大允许误差的绝对值（MPEV）之比小于或等于 1:3 时，示值误差评定的测量不确定度对符合性评定的影响可忽略不计，此时合格判据如下：

　　当 $U_{95} \leqslant \dfrac{1}{3}$ MPEV 时：

　　若 $|\Delta| \leqslant$ MPEV，则判为合格；

　　若 $|\Delta| >$ MPEV，则判为不合格。

　　考虑示值误差评定的测量不确定度后的符合性评定，依据计量检定规程以外的技术规范对测量仪器示值误差进行评定，并且需要对示值误差是否符合最大允许误差做出符合性判定时，必须对评定得到的示值误差进行测量不确定度评定。当示值误差的测量不确定度 U_{95} 与被评定测量仪器的最大允许误差的绝对值（MPEV）之比不满足小于或等于 1:3 时，必须要考虑示值误差的测量不确定度对符合性评定的影响。此时合格判据如下：

　　当 $U_{95} > \dfrac{1}{3}$ MPEV 时：

　　若 $|\Delta| \leqslant$ MPEV $- U_{95}$，则判为合格；

　　若 $|\Delta| >$ MPEV $+ U_{95}$，则判为不合格。

　　若 MPEV $- U_{95} < |\Delta| <$ MPEV $+ U_{95}$，则判为待定区。

　　当测量仪器示值误差的评定处于不能做出符合性判定时，可以通过采用准确度更高的计量标准、改善环境条件、增加测量次数和改善测量方法等措施，以降低示值误差的测量不确定度 U_{95} 后再进行合格评定。

　　对于具有不对称或单侧允许误差限的测量仪器，仍可按照上述原则进行符合性评定。

第二节　测量准确度、正确度、精密度

测量准确度（measurement accuracy）简称准确度（accuracy），被测量的测得值与其真值间的一致程度。测量准确度是一个概念性术语，它不是一个定量表示的量，不给出有数字的量值。当测量提供较小的测量误差时就认为该测量是较准确的，或测量准确度较高。

测量正确度（measurement trueness）简称正确度（trueness），无穷多次重复测量所得量值的平均值与一个参考量值间的一致程度。测量正确度是一个概念性术语，它不是一个定量表示的量，不能用数值表示。测量正确度与系统测量误差有关，与随机测量误差无关。当系统测量误差小时，可以说测量正确度高。

测量精密度（measurement precision）简称精密度（precision），在规定条件下，对同一或类似被测对象重复测量所得示值或测得值间的一致程度。测量精密度通常用不精密程度以数字形式表示，如在规定测量条件下的标准偏差、方差或变差系数。规定条件可以是重复性测量条件、期间精密度测量条件或复现性测量条件。测量精密度用于定义测量重复性、期间测量精密度或测量复现性。

从误差的角度来说，正确度反映的是测得值的系统误差，精密度反映的是测得值的随机误差。精密度高，不一定正确度高。测得值的随机误差小，不一定其系统误差小。

一、测量重复性、复现性

测量重复性（measurement repeatability）简称重复性（repeatability），是在一组重复性测量条件下的测量精密度。

重复性测量条件简称重复性条件（repeatability condition），是指相同测量程序、相同操作者、相同测量系统、相同操作条件和相同地点，并在短时间内对同一或相类似被测对象重复测量的一组测量条件。

测量重复性的评定可用式（4-5），即

$$s_r(y) = \sqrt{\frac{\sum_{i=1}^{n}(y_i - \overline{y})^2}{n-1}} \qquad (4-5)$$

测量复现性（measurement reproducibility）简称复现性（reproducibility），是在复现性测量条件下的测量精密度。

复现性测量条件简称复现性条件（reproducibility condition），是指不同地点、不同操作者、不同测量系统，对同一或相类似被测对象重复测量的一组测量条件。

测量复现性的评定可用式（4-6），即

$$s_R(y) = \sqrt{\frac{\sum_{i=1}^{n}(y_i - \overline{y})^2}{n-1}} \qquad (4-6)$$

二、计量器具及其特性

计量器具又称测量仪器，是单独一个或多个辅助设备组合，用于进行测量的装置。计量器具是复现单位、实现量值传递和量值溯源的重要手段。

计量器具可以是实物量具、测量仪表或测量系统。

实物量具（materal measure）具有所赋量值，使用时以固定形态复现或提供一个或多个量值的测量仪器。它的主要特性是具有一个或多个已知量值，且该已知量值在使用中可以持续保持，如砝码、标准电阻、量块等。实物量具可以是测量标准。

测量系统是由测量仪器和其他有关设备组装起来形成的系统。测量系统也可以仅包含一台测量仪器。

测量仪器按其输出形式可分为指示式、显示式、模拟式、数字式、记录式。

1. 示值

示值（indication）是由测量仪器或测量系统给出的量值。示值可以可视形式或声响形式表示，也可传输到其他装置。示值通常由模拟显示器指示、数字显示或图形输出，或由实物量具直接赋值。

2. 示值区间

示值区间（indication interval）是指极限示值界限内的一组量值，也称示值范围。

3. 标称量值

标称量值简称标称值（nominal value），指测量仪器或测量系统特征量的经化整的值或近似值，以便为适当使用提供指导。如标准电阻上的标称值为 100Ω，量块的标称值为 80mm。

4. 标称示值区间

标称示值区间简称标称区间（nominal interval），是指当测量仪器或测量系统调节到特定位置时获得并用于指明该位置的、化整或近似的极限示值所界定的一组量值。标称示值区间通常用最大最小示值表示。如温度计的示值范围为（−20～100）℃。也可称为标称范围。

5. 标称示值区间的量程

标称示值区间的量程（range of a nominal indication interval）是指标称示值区间的两极限量值之差的绝对值，常简称为量程。示值范围为−20～100℃的温度计，其量程为 120℃。

6. 准确度

准确度等级（accuracy class）在规定工作条件下，符合规定的计量要求，使测量误差或仪器不确定度保持在规定极限内的测量仪器或测量系统的等别或级别。

测量仪器的准确度等级应根据检定规程进行评定，准确度等级一般以引用误差表示的最大允许误差来表征。评定可以有以下几种情况：

1）按最大允许误差评定准确度等级。当测量仪器的示值误差不超过某一档的最大允许误差要求，且其他相关特性也符合规定的要求时，可判断该测量仪器在该准确度等级合格。使用这种仪器时，可以直接使用其示值，不需要加修正值。

2）按示值的测量不确定度评定准确度等级。根据检定规程对测量仪器进行检定，得出测量仪器示值的校准值，测量仪器校准值的扩展不确定度满足某一档的要求，且其他相关特性也符合规定的要求时，可判断该测量仪器在该准确度等级合格。表明测量仪器校准值的扩展不确定度不超过给定极限。使用这种仪器的示值时，需要加修正值或乘修正因子。

3）测量仪器多个准确度等级的评定。当被评定的测量仪器包含多个测量范围，并对应不同的准确度等级时，应分别判定各个测量范围的准确度等级。对多参数的测量仪器，应分别判定各个测量参数的准确度等级。

7. 分辨力

分辨力（resolution）是指引起相应示值产生可察觉变化的被测量的最小变化。

对测量仪器分辨力的评定，可以通过测量仪器的显示装置或读数装置能有效辨别的最小示值来评定。

带数字显示装置的测量仪器的分辨力为最低位数字变化一个字时的示值差。例如：数字电压表最低位数字显示变化 1 的示值差为 $1\mu V$，则分辨力为 $1\mu V$。

用标尺读数装置的测量仪器的分辨力为标尺上任意两个相邻标记之间最小分度值的一半。例如：钢直尺的最小分度为 1mm，则分辨力为 0.5mm。

8. 灵敏度

灵敏度（sensitivity）是指测量系统的示值变化除以相应的被测量值变化所得的商。测量系统的灵敏度可能与被测量的量值有关，被测量量值的变化必须大于测量系统的分辨力。

对被评定的测量仪器，在规定的某激励值上通过一个小的激励变化 Δx，得到相应的响应变化 Δy，则比值 $S=\Delta y/\Delta x$ 即为该激励值时的灵敏度。对线性测量仪器来说，灵敏度是一个常数。

9. 鉴别阈

鉴别阈（discrimination threshold）是指引起相应示值不可检测

到变化的被测量值的最大变化。

对被评定的测量仪器，在一定的激励和输出响应下，通过缓慢单方向地逐步改变激励输入，观察其输出响应。使测量仪器产生恰能察觉有响应变化时的激励变化，就是该测量仪器的鉴别阈。

10. 稳定性

稳定性（stability）是指测量仪器保持其计量特性随时间恒定的能力。

通常可用以下几种方法来评定：

（1）通过测量标准观测被评定测量仪器计量特性的变化，当变化达到某规定值时，其变化量与所经过的时间间隔之比即为被评定测量仪器的稳定性。如：某标准物质的量值稳定性为±0.1%/3 个月。

（2）通过测量标准定期观测被评定测量仪器计量特性随时间的变化，用所记录的被评定测量仪器计量特性在观测期间的变化幅度除以其变化所经过的时间间隔，即为被评定测量仪器的稳定性。年稳定性计算式为

$$年稳定性 = \frac{本年度检定结果 - 上年度检定结果}{上年度检定结果} \times 100\%$$

（3）频率源的频率稳定性用阿伦方差的正平方根值评定，称为频率稳定度。

（4）当稳定性不是对时间而言时，应根据检定规程、技术规范或仪器说明书等有关技术文件规定的方法进行评定。

稳定性是测量仪器，特别是计量基准、计量标准的重要性能之一，示值稳定是保证量值准确的基础，稳定性是划分准确度等级的重要依据。

测量仪器进行周期检定或校准，就是对其稳定性的一种考核，稳定性也是合理科学地确定检定周期的重要依据。

11. 漂移

仪器漂移（instrument drift）是指由于测量仪器计量特性的变化引起的示值在一段时间内的连续或增量变化。

根据技术规范要求，用测量标准在一定时间内观测被评定测量仪器计量特性随时间的慢变化，记录前后的变化值或画出观测值随时间变化的漂移曲线。当测量仪器计量特性随时间呈线性变化时，漂移曲线为直线，该直线的斜率即漂移率。在测得随时间变化的观测值后，用最小二乘法拟合得到最佳直线，并根据直线的斜率计算出漂移率。

第三节 测量仪器工作条件

一、额定工作条件

额定工作条件（rated operating condition）为使测量仪器或测量系统按设计性能工作，在测量时必须满足的工作条件。

额定工作条件通常要规定被测量和影响量的量值区间，它是测量仪器的正常工作条件。在规定的范围和额定值下使用，测量仪器才能达到规定的计量特性或规定示值的允许误差值，满足正常使用要求。

在额定工作条件下，测量仪器的计量特性仍会随测量或影响量的变化而变化，但此变化量的影响仍能保证测量仪器在规定的允许误差极限内。

二、稳态工作条件

稳态工作条件（steady state operating condition）为使由校准所建立的关系保持有效，测量仪器或测量系统的工作条件。

经校准的测量仪器在此条件下工作，可保持其校准结果有效。

三、极限工作条件

极限工作条件（limiting operating condition）为使测量仪器或测量系统所规定的计量特性不受损害也不降低，其后仍可在额定工作条件下工作，所能承受的极端工作条件。

承受这种极限工作条件后，其规定的计量特性不会受到损坏或降低，极限条件应规定被测量和影响量的极限值。通常进行型式试验时，有的项目就在极限工作条件下考核。

四、参考工作条件

参考工作条件又称参考条件（reference condition），为测量仪器或测量系统的性能评价或测量结果的相互比较而规定的工作条件。为了使不同测量仪器的性能评价或对不同的测量结果进行比较，需要规定它们具有可比性的一致工作条件。

测量仪器自身的基本计量性能指标是在有一定影响量的情况下考核的。严格规定的考核同类测量计量性能的工作条件就是参考条件。参考条件一般包括被测量和影响量的取值区间。检定和校准通常要给出测量仪器有可比性的量值结果和结论，参考条件就是计量检定规程或校准规范上规定的工作条件。

第五章　　计量基准与计量标准

一、测量标准的概念

测量标准（measurement standard）是具有确定的量值和相关联的测量不确定度，实现给定量定义的参照对象。

研制、建立测量标准的目的是定义、实现、保存或复现给定量的单位或一个或多个量值。"定义"是物理实现计量单位，"复现"是基于物理现象建立高度复现的测量标准。

测量标准在测量领域里作为标准使用，而不作为工作计量器具使用。测量标准必须具有确定的量值和测量不确定度。测量标准通过更高等级的测量标准对其校准，或通过比对等方式，确立其计量溯源性。测量标准具有一定形态，不是文本标准。给定量的定义可以通过测量系统、实物量具、有证标准物质实现，同一个计量装置可以实现几个同类量或不同量，该计量装置也可称为测量标准。测量标准的测量不确定度是由该测量标准获得的测量结果的合成标准不确定度的一个分量。

测量标准在计量工作中是复现计量单位、确保国家计量单位制统一和量值准确可靠的物质基础，是我国实施量值传递和量值溯源、开展计量检定或计量校准的重要保证。

测量标准可分为国际测量标准和国家测量标准。根据量值传递的需要，我国将测量标准分为计量基准、计量标准和标准物质三类。计量基准和标准物质由国务院计量行政部门负责审批和管理。计量标准中的社会公用计量标准、部门和企事业单位最高计量标准则以考核的方式进行管理，由各级计量行政部门实施。其他计量标准由建立计量标准的单位自主管理。计量基准分为基准和副基准。计量标准分最高等级计量标准（最高标准）和其他等级计量标准（次级标准）。标准物质分为一级标准物质和二级标准物质。

1. 国际测量标准

国际测量标准是由国际协议签约方承认的并旨在世界范围内使用的测量标准。

2. 国家测量标准

国家测量标准是经国家权威机构承认，在国家或经济体内作为同类量的其他测量标准定值依据的测量标准。

在我国，国家测量标准称为国家计量标准或计量基准。我国计量基准由国务院计量行政部门建立和批准，确定了计量基准的法制地位。

3. 参考测量标准

参考测量标准简称参考标准，是给定组织或给定地区内指定用于校准或检定同类量其他测量标准的测量标准。

在我国，对应最高计量标准或社会公用计量标准。社会公用计量标准、部门和企事业单位的最高计量标准为强制检定的计量标准。

4. 工作测量标准

工作测量标准是用于日常校准或检定测量仪器或测量系统的测量标准，通常用参考测量标准校准或检定。工作测量标准可按不同准确度进行分等或分级。

5. 标准物质

标准物质又称参考物质，是具有足够均匀和稳定的特定的物质，其特性被证实适用于测量中或标称特性检查中的预期用途。

标称物质既包括具有量的物质，也包括具有标称特性的物质，有时标准物质与特质装置构成一体。

6. 有证标准物质

有证标准物质是有由权威机构发布的文件，提供使用有效程度获得的具有不确定度和溯源性的一个或多个特性量值的标准物质。权威机构发布的文件以"证书"形式给出。

二、量值传递与量值溯源

量值传递通过对测量仪器的校准和检定，将国家测量标准所实现的单位量值通过各级测量标准传递到工作测量器具，以保证测量所得的量值准确一致。

量值溯源是通过一条不间断的校准链，将测量结果与参照对象联系起来的特性，校准链中每项校准均会引入测量不确定度。

由此可见，不论是量值传递还是量值溯源，都是较高准确度等级的计量标准在规定的不确定度内对准确度低的计量标准或工作计量器具进行检定或校准。

在我国，量值传递和量值溯源的关系均通过国家检定系统表来表示。国家计量检定系统表包括了从国家计量基准到工作计量器具的量值传递关系、使用的仪器和方法、各级标准器复现或保存量值的不确定度、国家计量基准和计量标准进行量值传递的测量能力等。

三、计量基准

计量基准是经国家批准的，在我国作为有关量的其他测量标准定值的依据。所有计量器具进行的一切测量均可追溯到计量基准所复现或保存的计量单位量值，从而保证这些测量结果准确可靠和具有实际可比性。计量基准处在全国传递计量单位量值的最高或起始的位置，全国的各级计量标准和工作计量器具的量值都要溯源于计量基准，计量基准是全国计量单位量值溯源的终点。

计量基准需经国务院计量行政部门批准并颁发"计量基准证书"后，方可使用。它可以代表国家参加国际比对，使量值与国际计量基准保持一致。计量基准可以进行仲裁检定，所出具的数据能作为处理计量纠纷的依据并具有法律效力。

四、计量标准

计量标准的准确度低于计量基准，用于检定或校准其他计量标准或工作计量器具。我国计量标准分为社会公用计量标准、部门计量标准、企事业单位计量标准三类。

建立社会公用计量标准、部门和企事业最高计量标准必须依法考核合格后，才有资格开展量值传递。

计量标准在我国量值传递和量值溯源中处于中间环节，起着承上启下的作用。即计量标准将计量基准所复现的量值通过检定或校准的方式传递到工作计量器具，确保工作计量器具量值的准确可靠和统一。也使工作计量器具测量得到的数据可以溯源到计量基准。

计量标准中的社会公用计量标准作为统一本地区量值的依据，在社会上实施计量监督具有公证作用。在处理计量纠纷时，社会公用计量标准仲裁检定后的数据可以作为仲裁依据，具有法律效力。

计量标准又可分为最高等级计量标准和其他等级计量标准。最高等级计量标准也称最高计量标准，分为最高等级社会公用计量标准、部门最高等级计量标准、企事业单位最高等级计量标准。其他等级计量标准又称次级计量标准，分为其他等级社会公用计量标准、部门其他等级计量标准、企事业单位其他等级计量标准。

在给定的区域或组织内，其他等级最高计量标准的准确度比同类的最高等级计量标准的准确度低，其他等级计量标准的量值可以溯源到相应的最高等级计量标准。

对最高等级社会公用计量标准应由上一级计量行政部门考核，对其他等级社会公用计量标准由本级计量行政部门考核。对部门最高计量标准和企事业单位最高等级计量标准由有关计量行政部门考核，而部门和企事业单位的其他等级计量标准不需要计量行政部门考核。

根据计量法的规定，经过考核合格的计量标准可以开展的量值传递的范围如下：

（1）社会公用计量标准向社会开展计量检定或校准。

（2）部门计量标准在本部门内部开展非强制检定或校准。

（3）企事业单位计量标准在单位内部开展非强制检定或校准。

五、标准物质

标准物质是具有一种或多种均匀、稳定、有确定特性的，可用于校准测量装置、评价测量方法或给材料赋值的一种材料或物质。

标准物质也称参考物质，可以是纯的或混合的气体、液体、固体。

用于统一量值的标准物质属于计量器具。有证标准物质是我国依法管理的标准物质。有证标准物质附有证书，其特性值用建立了溯源性的程序确定。其特性值可溯源到准确复现该特性值的计量单位。每个有证特性值都给定包含概率的不确定度。

标准物质分一级和二级。一级标准物质用定义法或其他准确、可靠的方法对其特性值进行计量，其不确定度达到国内最高水平，主要用于对二级标准物质或其他物质定值，或用来检定校准高准确度的仪器设备，或评定研究标准方法。二级标准物质采用准确可靠的方法或直接与一级标准物质比较的方法对其特性值进行计量，其不确定度能满足日常计量工作的需要，主要用来做工作标准使用，用于现场方法的研究和评定。

第二篇 压 力 计 量

第六章　压力计量基础

在工业生产中，许多设备运行都离不开压力测量和控制，最普遍的是电厂蒸汽压力的计量和测试，冶金工业上的冶炼热风管道中的压力参数的控制和测量，石油化工业中各种物理、化学反应的控制和监测。电力工业中，保证压力计量测试正确对于机组安全和经济运行具有重要意义；在医疗卫生中血压测量准确与否关系到医生对病人的诊断和治疗；农业生产中，有关气象分析也与压力测量紧密相连；在航空和航天工业中，一些重要的飞行参数，如高度、空速等技术性能参数均以压力测试为基础，在核工业和军事工业中，许多重要场合均需要以压力测量为基础。

在科学研究中，许多试验离不开压力测量，如很多金属和非金属材料要经过压力加工，以改变其组织结构和相态。绝大多数新型高强度材料和人造金刚石也是经高压处理而成的。在特定条件下，经高压作用后气态氢可以转变为固态的氢，它具有一切金属的性质。在超高压下非金属碳也可转变为具有金属性能的碳。另外，在超高压研究物质的相态和相变、温度、磁场、电性能等都必须应用超高压力测量技术。

随着国民经济的飞速发展，目前对动态压力的测量、在线压力测量、对压力自动控制，以及远距离连续测量；在高低温、冲击加速度和磁场等特定条件下的压力测量微小压力和超高压测量都提出了新的要求。

近年来，随着集成电路、电子计算机技术和传感器技术的飞速发展，对压力测量技术又提出了新的更高的要求。这不仅对生产、试验过程或其他运动过程中的压力参数进行测试、收集和数据显示，而且还要对其结果进行分析、处理、转换、反馈或通信控制等，从而把生产、试验过程与被测参数的测试和数据处理构成一个完整、统一的整体。

压力计量测试技术工作，不仅保证了生产和试验中的数据准确可靠，更重要的是从基准器量值传递到标准器和工作计量器具时对各种基（标）准器的研制，对量值传递系统的研究；是对检测方法、校准方法、检测技术规范的试验研究、制定、宣贯实施等，以及如何选用基（标）准器、工作计量器具及做好对基（标）准器和工作计量器具的维护、保养、修理及周检等工作。

第一节 压力的基本概念

一、压力的定义

在物理学中，将液体、气体（或蒸汽）介质垂直作用于单位面积上的压力称为"压强"。因此，在物理学中压力是作用力的概念。工程技术上所用的压力名词与物理学中的压强是同一概念。故本书中所指的压力，均是指工程技术中使用的名词。

压力的定义是：垂直作用于单位面积上，而且均匀分布在该面积上的力。根据压力的定义，其基本公式为

$$p = \frac{F}{S} \tag{6-1}$$

式中　p ——作用的压力；

　　　F ——作用力；

　　　S ——作用面积。

从式（6-1）可知，压力与所承受力的面积成反比，而与作用力成正比，在同一作用力的情况下，当作用面积大时压力小，作用面积小时压力大；相反，当作用面积一定时，压力随作用力的增大而增大，随着作用力的减小而减小。

在工程技术中，由于各种测试目的和要求不同，以及需要测试的环境条件也各不相同，所以需要研究压力测试的情况也不相同。

当施力于物体上时，其体积和形状就发生了变化。而当力停止作用后，物体又能恢复其原来体积和形状的现象称为弹性。因此，一般可用物体的弹性来表示压力的量值。

在固体中，当力作用于任何固定不动的物体上时，就会产生由物体体积改变所引起的应力。

在液体中，如将液体装在用活塞密封的容器中，则当在活塞上施力时，容器中产生的压力会均匀分布到液体的所有质点（液体所占体积的各点），同时液体又将压力垂直地传到它周围的器壁。

在气体中，压力也是传播到气体所占体积的所有各点。气体的体积随压力不同而改变。同时，气体的弹力，即恢复其原来体积的能力也随压力成比例地改变。气体和液体一样，也能将压力传播到器壁，而且一般是向限制它的表面传递。

在工程技术中，压力的量值一般都是采用根据物体上述的一些性质所制成的各类压力仪器仪表来测量的。而用压力仪器仪表来对目的物进行比较或测量压力量值的过程称为压力计量。

二、压力的术语

在工程技术中，为了区别测试的目的，常使用以下压力名词术语。

1. 绝对压力 p_A

绝对压力是相对于绝对真空所测得的压力，即从完全的零压力开始所测得的压力。它是液体、气体或蒸汽所处空间的全部压力，也称为不带条件起算的全压力。当然，得到完全真空是不可能的，因此一般说流体的绝对压力应是流体的压力与真空中残余压力的差值。但是随着科学技术的发展，已可能得到接近完全真空。对一般压力计量测试而言，其真空度到（$10^{-1} \sim 10^{-2}$）Pa，则可认为是完全真空，一般用 p_A 或 abs 表示绝对压力。

2. 大气压力 p_0

大气压力就是地球表面上的空气柱重量所产生的压力。即围绕地球的大气层，由于它本身的重力对地球表面单位面积上所产生的压力。它随某一地点离海平面的高度，所处纬度和气象情况而变化。

并且随着时间、地点的不同而变化，用符号 p_0 表示。

3. 相对压力 p

（1）表压力（正压力）p_g。表压力是高于大气压力的绝对压力与大气压力之差，通常，压力仪表的零点压力以当时的大气压力为基准，所以当 $p_A > p_0$ 时，表压力 p_g 为

$$p_g = p_A - p_0 \tag{6-2}$$

变换后得绝对压力 p_A 为

$$p_A = p_g + p_0 \tag{6-3}$$

一般情况下，直接用 p 表示相对压力。有时将大于大气压力的表压力称为正压力，可用符号"+"表示。

（2）负压力（疏空或真空表压力）p_V。当绝对压力小于大气压力时，大气压力与绝对压力之差称为负压力（也称疏空或真空表压力），用 p_V 表示，或用符号"–"表示。所以当 $p_A < p_0$ 时，负压 p_V 为

$$p_V = p_0 - p_A \tag{6-4}$$

变换后得绝对压力 P_A 为

$$p_A = p_0 - p_V \tag{6-5}$$

（3）差压 p_d。两个压力之间的差值称为差压，或者以大气压力以外的任意压力作为零点所表示的压力，用 p_d 表示。

（4）真空度（V）。当绝对压力低于大气压力时的绝对压力称为真空度。

式（6-6）表示大气压力、绝对压力和相对压力之间的关系，即

$$p_A = p_0 + p \tag{6-6}$$

从图 6-1 中可见，各术语仅在所取的基准零点不同而已。绝对压力又称绝压，是以完全真空即真正的零压为基准点。在工程技术中，如气象用的气压计就是绝压计，在指示飞行高度时也用绝压计。

从图 6-1 中还可以看出，绝对压力大于大气压力时，绝对压力是表压力与大气压力之和；当绝对压力小于大气压力时，绝对压力是大气压力与负压力之差，即若负压力取负值，则绝对压力也是大

气压力与负压力之和；当绝对压力与大气压力相等时，只指示出大气压力。大气压力是绝对压力的一种表现方式。从式（6-3）和式（6-6）可知，当 $p_A=p_0$ 时，$p_g=0$，即表压为零，负压也为零。故表压或负压都是以大气压力为基准零点进行测量的。

差压可以是某任意点作为基准零点所求出两压力之差。实际上，表压也是差压，只不过此时将大气压力作为零对待而已。

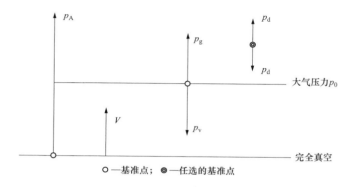

图 6-1 大气压力、绝对压力和相对压力之间的关系图

（5）静压。不随时间变化的压力称为静压。当然，绝对不变化是不可能的，因而规定压力随时间的变化，每秒钟为压力计分度值的 1%，或每分钟在 5%以下变化压力均称为静压。

（6）动压。压力随时间的变化超过静压所规定的限度的变化称为动压。一般又将非周期变化的压力称为变动压，把不连续而变化大的称为冲击压，做周期变化的称为脉动压。

三、流体力学中的压力

1. 静止流体中的压力

流体静压力的方向永远沿着作用力的法线方向，流体中任一点上各方向的静压力均相等。流体对装流体的容器底部和侧壁均有压力作用，其任一点的压力与流体表面到该点深度成正比。在同一水平面的所有各点压力是相等的，而且同一深度各方向压力相等。

流体的自由面处于静止，并且保持与水平面平行。加在密封液体上的压力，能够按照原来的大小由液体向各个方向传递。这就是著名的帕斯卡定律。

2. 运动流体的压力

对于运动流体，任何一点的压力是所取平面方向的函数，并在与运动方向垂直的面为最大值。根据运动流体力学系统中动能和势能的关系可知，当某一质量为 m 的流体以速度 v 运动时，它的动能等于 $mv^2/2$；而当质量为 m 的流体上升高度为 h 时，其势能等于 mgh，其中 g 为重加速度。

对于不可压缩的无黏滞性的流体，即理想流体而言，在物理学中，根据流体的连续原理可以得到伯努利方程为

$$p + \frac{\rho v^2}{2} + \rho gh = 常数 \tag{6-7}$$

式中　p——压力；

　　　ρ——流体的密度。

其物理学意义为：不可压缩理想流体做定常流动时内能不变，密度不变。因此，单位体积压力势能、动能、重力势能之和为常量。

当流体处于静止状态时，即流体的速度 v 为零，则式（6-7）变为

$$p + \rho gh = 常数 \tag{6-8}$$

当流体处于水平方向流动时，即 $h=0$，则式（6-7）变为

$$p + \rho v^2/2 = 常数$$

一般将压力 p 称为静压，$\rho v^2/2$ 称为动压。因此，这时静压和动压之和为常数，则流速大时静压低；反之，流速小时静压高。实际上，由于流体有黏滞阻力引起的能量损失，所以总压力不能保持常数，而沿流动方向减少。

四、压力的单位

1. 国际单位制中的压力单位及其物理意义

国际单位制中的压力单位是牛顿/米^2，又称帕斯卡，简称"帕"

（以 Pa 表示）。它的物理意义是：1 牛顿的力垂直均匀地作用于 1 平方米面积上所产生的压力。即：$1Pa=1N/m^2$。

1971 年第十四届国际计量大会上决定给予压力单位具有专门名称的导出单位；1984 年我国也规定将帕斯卡作为法定的压力计量单位。

从压力的定义可知，压力的单位不是基本单位，而是一个导出单位，它是由力的单位和长度单位组合成的一个单位。长度单位由长度基本单位 m（米）导出，即 m^2（平方米）；力的单位是具有专门名称的导出单位——N（牛顿），其定义为：使 1kg（千克）质量的物体产生 $1m/s^2$（米/秒^2）加速度的力为 1N（牛顿），即：

$$1N=1kg \cdot m/s^2$$

$$1 牛=1 千克 \cdot 米/秒^2$$

当均以基本单位表示时为：

$$1Pa=（1kg \cdot m/s^2）/1m^2=1m^{-1} \cdot kg \cdot s^{-2}$$

用量纲表示为：$L^{-1}MT^{-2}$

2. 帕斯卡与其他压力单位间的换算关系

由于历史原因，过去使用的压力单位比较多。虽然我国已规定只能使用国际单位制单位帕斯卡，但随着对外开放及技术引进，我国有许多单位随设备进口的压力仪表还有许多是我国法定计量单位以外的压力单位制成的。为了便于换算，在表 6-1 中介绍了几种常见的压力单位与帕斯卡的换算关系。

表 6-1　　　　帕斯卡与其他压力单位间的换算关系

单位	换算关系
1hPa（百帕）	100Pa（帕）
1kPa（千帕）	1000Pa（帕）
1MPa（兆帕）	1000000Pa（帕）
1mbar（毫巴）	100Pa（帕）=0.1kPa
1bar（巴）	100000Pa（帕）=100kPa=0.1MPa

单位	换算关系
1kgf/cm^2（公斤力/平方厘米）	98066.5Pa（帕）=98.0665kPa
1mmH$_2$O（毫米水柱）	9.80665Pa（帕）
1inH$_2$O（英寸水柱）=25.4mmH$_2$O	249.089Pa（帕）
1mmHg（毫米汞柱）	133.3224Pa（帕）
1psi（磅力/寸^2）	6894.76Pa（帕）=6.89476kPa
1at（工程大气压）	98.0665kPa
1atm（标准大气压）	101.325kPa
1torr（托）=1mmHg	133.3224Pa

第二节　压力仪表的分类

根据测试目的、要求和条件的不同，设计了多种不同型式的压力仪器仪表以满足测试需求。根据仪器仪表的工作原理、准确度等级、压力量值的大小和被测种类可将压力仪表进行分类。

一、按工作原理分类

1. 液体式

液体式压力计是基于流体静力学原理，利用液柱高度产生的力去平衡未知力的方法来测量压力的仪器。被测的液柱高度差可以直接判读、显示或通过计算方法来确定。常用的液体压力计有：水银气压计、U 型管压力计、杯型压力计、钟罩式压力计、补偿式微压计和斜管微压计等。

2. 弹性式

弹性式压力计的作用原理是利用弹性敏感元件（如弹簧管）在压力作用下产生弹性形变，其形变的大小与作用的压力成一定的线性关系，通过传动机构（机芯）用指针或其他显示装置表示出被测的压力的测压仪表。弹性敏感元件有多种型式，如弹簧管式、膜片式、膜盒式和波纹管式等。

3. 活塞式

活塞式压力计的作用原理是利用流体静力平衡原理和帕斯卡原理，由作用于已知活塞有效面积上的专用砝码来进行测压的仪器。常见的活塞式压力计包括：单（双）活塞式压力真空计、活塞式压力计、带液柱平衡活塞式压力计、气体活塞式压力计、带倍增器活塞式压力计、可控间隙活塞式压力计等。由于活塞机械加工的精度高，故活塞式压力计的准确度也可做得很高，它可以做成工作基准直至国家标准。

4. 电测式

电测式压力计的工作原理是通过某些转换元件，将压力变成电量来测量压力的压力计。电测式压力计一般可分为传感器和变送器，常见的有应变式、固态压阻式、压电式、电感式、电容式、振频式等。电测式压力计特别适合控制自控和记录等场合。

数字式压力计是可以直接以压力单位用数字显示的压力仪器，或者显示某一标准数值，可根据其压力的关系来确定压力量值的压力计。这类压力计大部分以压力传感器为感压元件，然后将信号放大，经 A/D 转换成具有显示压力单位数值的压力计。在现代工程技术中，对仪表自动控制要求高，这就要求压力仪表既需要显示生产工艺流程中的压力参数，又需要将压力信号输出供数据进行分析和处理。随着自动化程度越来越高，带各种各样功能的数字压力计被广泛应用。

二、按准确度等级分类

1. 液体式压力计

准确度等级见表 6-2。

表 6-2 液体式压力计准确度等级

准确度等级	最大允许误差
国家基准	±（0.005～0.002）%
一等标准器	±0.02%

准确度等级	最大允许误差
二等标准器	±0.05%
工作用计量器具	±（0.5；1；1.5；2.5）%

2. 活塞式压力计

准确度等级见表 6-3。

表 6-3 活塞式压力计准确度等级

准确度等级	最大允许误差
国家基准	±0.0021%
0.005 级	±0.005%
0.01 级	±0.01%
0.02 级	±0.02%
0.05 级	±0.05%

3. 弹性式压力计

（1）精密压力表准确度等级可分为：0.1 级、0.16 级、0.25 级、0.4 级。

（2）一般压力表准确度等级可分为：1 级、1.6 级（1.5 级）、2.5 级、4 级。

三、按压力量值大小分类

压力量值大小分类见表 6-4。

表 6-4 压力量值大小分类

相对压力	压力范围
微压	10kPa 以下
低压	10kPa～600kPa
中压	0.6MPa～10MPa
高压	10MPa～600MPa
超高压	600MPa 以上

第三节 压力计量检定系统表

根据压力量值传递的需要，可以将所有的压力仪器仪表分为基准器具、标准器具和工作计量器具三大类。基准器具主要是国家基准，一般作量值传递用，标准器具一般用于量值传递和精密测试用，工作计量器具一般用于工程测试，直接测试被试验点的压力。

各类压力仪器仪表的测量范围、用途、准确度等级和压力量值的传递次序等，可以绘制成图表，这就是压力量值传递系统图。

压力量值传递系统图就是既方便又可靠地将所采用的压力分数或倍数值准确地由基准器具一直传递到工作计量器具。因而从量值传递系统图可方便地根据需要建标，或选择不同种类、准确度等级的压力仪器仪表。

复现压力量值的最高标准器——国家基准在现阶段可分为三部分。

（1）第一部分是微压基准器，它是采用液体式压力计原理，利用准确测试出液柱高度来确定压力值。例如采用光波干涉、激光测距等精密测试手段，同样采用高纯度液体，并测试出密度值，再加上严格控制室温和液体温度，从而使测试的液柱高度的准确度很高。

（2）第二部分是常用压力范围基准器，它采用简单活塞式压力计，主要通过精密测试活塞有效面积和专用砝码质量，并对影响测试的各项因素进行修正，从而可以使最大允许误差达到±0.0021%。

（3）第三部分是超高压国家基准器，它采用可控间隙活塞式压力计。量限为 2500MPa 时，最大允许误差为 ±0.05%；量限为 1500MPa 时，最大允许误差为 ±0.02%。

压力国家基准器具是我国压力计量的最高标准器，用于进行国际比对，使其与国际的压力量值保持准确、一致，同时也作为全国的最高压力标准量值，传递给 0.005 级（工作基准）压力计。

第七章　活塞式压力计

　　活塞式压力计是直接按照压力的定义公式 $p=F/A$ 定义压力的，它所覆盖的压力范围从微压直到 2500MPa。近年来，随着活塞加工工艺水平的提高和圆度测量技术的发展，活塞式压力计的计量性能得到了巨大的发展，活塞式压力计在气压段定义的压力不确定度已经达到了 3×10^{-6}，而成本和维护费用较低，活塞式压力计在压力计量方面将扮演越来越重要的角色。

　　在压力计量技术中，活塞式压力计占有很重要的地位，它具有准确度高、性能稳定、测量范围宽、结构简单和使用较为方便等特点。因此活塞式压力计通常作为压力计量的基准器和标准器，并可用于压力精密测量使用。

　　进入 19 世纪，随着西方工业化的发展，采用液柱测量压力已经不能满足工业的需要，人们自然要寻找高压测量的途径，这就是活塞式压力计。

　　类似今天活塞式压力计的出现，可以追溯到 180 年以前。19 世纪初，Perkin 在研究流体压缩性时，制造了一台活塞式压力计，可产生 200MPa 的压力，活塞为简单结构，砝码通过杠杆加于活塞上。后来，由于蒸汽机的发展，带动了活塞式压力计的发展。1833 年，Parrot 等人制造了一台 10MPa 类似结构的活塞式压力计。

　　1846 年，法国人 Galy-Cazalat 设计了一种新颖的活塞式压力计，包括两个直径不同的活塞，通过机械方式耦合。压力通过橡胶膜片作用在小活塞上并以力的形式传递给大活塞，大活塞上端为水银柱，由水银柱平衡压力并指示压力，这样可以通过水银柱乘以大、小活塞面积比得到压力。通过改变面积比，可以测量大至 100MPa 的压力。该活塞式压力计就是当今倍压器和分压器的雏形。

1869 年，Seyss 设计了双量程活塞式压力计。两个不同直径的活塞，同轴安装在一个活塞筒中，大大拓宽了活塞式压力计的量程，这就是当今双量程活塞的祖先。

1880 年，Cailletet 设计了量程为 150MPa、精度为 0.5%的活塞式压力计，把活塞间隙加工到 5μm，这在当时是一件了不起的事情。1894 年，Stückrath 设计了带有承重盘的活塞，并且活塞的灵敏度达到了 0.04%。1893 年，法国人 Amagat 为了研究气体的压缩系数，设计了一台量程为 300MPa 的活塞式压力计。与众不同的是，Amagat 没有在活塞上使用密封材料，也没有使用橡胶膜片，而是在活塞柱体表面的加工和测量上下了一番工夫，从而使活塞可以自由旋转，大大提高了活塞的灵敏度。

1903 年，英国 NPL 研制了差动活塞，解决了高压下活塞杆过细带来的活塞杆变形和折断问题。

1912 年，Bridgman 在研究压力对材料性能的影响时，需要高压，而当时的活塞式压力计只能达到 300MPa，不能满足研究的需要。为了解决在高压下测压介质通过活塞间隙泄漏的问题，Bridgman 设计了工作压力大于 1300MPa 的反压型活塞，最高可达 2000MPa，这是最早的反压型活塞。

1953 年，美国 NBS（现 NIST）设计了可控间隙活塞式压力计。

第一节　活塞式压力计工作原理

流体静力平衡是通过作用在活塞系统的力值与传压介质产生的反作用力相平衡实现的。活塞系统由活塞和缸体（活塞筒）组成，二者形成极好的动密封配合（见图 7-1）。活塞的面积（有效面积）是已知的，当已知的力值作用在活塞一端时，活塞另一端的传压介质会产生与已知力值大小相等方向相反的力与该力相平衡。由此，可以通过作用力值和活塞的有效面积计算得到系统内传压介质的压力。在实际应用中，力值通常由砝码的质量乘以使用地点的重力加速度得到。

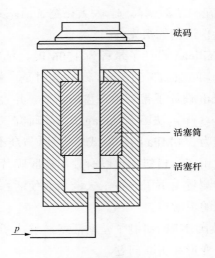

砝码

活塞筒

活塞杆

p

图 7-1　活塞式压力计结构图

活塞式压力计是以流体静力学平衡原理及帕斯卡定律为基础测量压力的，当砝码加载在活塞系统上时，砝码重力作用于活塞上，传压介质产生大小相等方向相反的力作用在活塞上，使得活塞处于旋转平衡状态。此时压力定义公式为

$$p=F/A \tag{7-1}$$

式中　F——活塞及所加砝码在重力场中产生的力，N；

　　　A——活塞的有效面积，m^2；

　　　p——被测压力，Pa。

当活塞达到力平衡时，被测压力为砝码重力与活塞有效面积的比值，砝码重力为砝码质量与重力加速度的乘积（注意该重力加速度为活塞使用地的重力加速度，而非标准重力加速度）。因此被测压力准确度与砝码质量准确度、重力加速度准确度和活塞有效面积准确度相关，一般砝码质量和当地重力加速度都可准确测量，所以活塞式压力计的准确度主要取决于活塞有效面积的准确度。被测压力与砝码质量成正比，与活塞有效面积成反比。若每台活塞式压力计的有效面积不变，则专用砝码可制造成不同质量的多个砝码的不同组合，以此产生一系列的压力值。同理，当专用砝码的质量不变时，改变活塞有效面积，也可产生一系列的压力值。

第二节 活塞式压力计的结构与分类

一、活塞式压力计的结构

活塞式压力计主要由三部分组成，即活塞系统、专用砝码和校验器。

活塞系统为由活塞、活塞套筒组成的测压部件。

专用砝码是与活塞系统配套使用的砝码，是带有轮缘的圆盘，材质一般为不锈钢，中心具有同心的凹部和凸部，设置调整腔供微调砝码质量。

校验器具有造压功能，由压力泵、真空泵、针阀、转换接头、连接管道组成，应具有良好的压力调节功能和密封性。压力泵为校验器造压部件，根据实际需求，校验器有不同的耐压要求。

二、活塞式压力计的分类

活塞式压力计有多种分类方法，可以按活塞组件结构、传压介质和测力方式分类。

1. 按活塞组件结构分类

（1）简单活塞式压力计。简单活塞结构如图 7-2 所示，压力仅作用在活塞筒的底部和内表面，在间隙内压力的作用下，活塞筒自由形变，直径增大。而活塞杆的直径变化远小于活塞筒，活塞间隙内流体的中立面半径变大，有效面积增大，压力形变系数可通过理论计算得到。简单活塞的加工工艺简单，活塞灵敏度高，是目前使用量最大、应用最广泛的一种活塞式压力计。

简单活塞式压力计又可分为直接加载式和间接加载式。

直接加载式活塞式压力计以带底盘的活塞直接承受砝码的重

力，其活塞有效面积标称值一般为 0.5cm² 或 1cm²，这种压力计的测量上限为 10MPa 以下。国家基准装置和中低压力量程的压力标准器多属于此类。

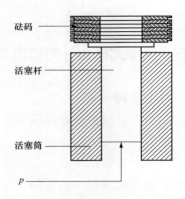

砝码

活塞杆

活塞筒

p

图 7-2   简单活塞式压力计结构图

间接加载式活塞式压力计适用于测量上限高于 **25MPa** 的中、高压活塞式压力计。采用间接加载荷是为了保护直径较细的活塞在高压下不致产生弯曲变形。这类压力计又包括带滑动轴承的和带滚珠轴承的两种活塞式压力计。

（2）反压型活塞。反压型活塞在结构设计或安装结构设计上，可将被测压力导入活塞筒外表面，用以补偿活塞间隙中压力引起的活塞筒形变（见图 7-3）。当活塞筒壁较薄或测量压力较高时，可以考虑采用这种结构。由于活塞筒外部压力总是大于间隙压力，所以活塞的有效面积随着压力增大减小，压力形变系数为负值并可通过试验获得。

（3）可控间隙活塞。可控间隙活塞是在简单活塞的活塞筒外壁施加独立的压力，控制活塞和活塞筒之间间隙的活塞压式力计，见图 7-4。这种活塞式压力计主要用于高压测量和压力计量研究工作中。近年来，随着活塞技术的发展，在高精度低压测量中，也采用了可控间隙技术。

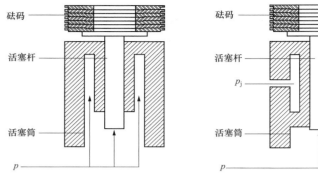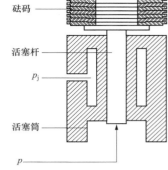

图 7-3　反压型活塞式压力计结构图　图 7-4　可控间隙活塞式压力计结构图

（4）双量程活塞式压力计。双量程活塞式压力计的活塞组件包括低量程活塞、高量程活塞、辅助活塞和活塞筒。低压下，低量程活塞在压力作用下向上移动，顶起辅助活塞和砝码到工作位置，当压力继续增高到低量程活塞满量程时，继续升高压力，低量程活塞和活塞筒底部接触而停止工作。高量程活塞在压力作用下，继续向上顶起辅助活塞和砝码到高量程活塞的工作位置。一般活塞覆盖量程十分之一到满量程的压力范围，双量程活塞可覆盖量程百分之一到满量程的压力范围。而且使用起来非常方便。但是加工这种活塞需要三个活塞面和两个活塞筒面同轴，这要比加工通常活塞（要求一个活塞面和一个活塞筒面同轴）困难得多。

2. 按传压介质分类

按照传压介质，活塞式压力计可分为气润滑气介质活塞、油润滑气介质活塞和油介质活塞三种。

（1）气润滑气介质活塞。气润滑气介质活塞测压介质为气体，活塞间隙内的润滑流体为测压气体。由于气体的黏度很小，所以活塞的灵敏度很高，适合做高精度低压力测量。缺点是对测压气体和被检仪表的洁净度和湿度要求很严格，同时做高压测量不易稳定，一般量程不高于 7MPa。

（2）油润滑气介质活塞。油润滑气介质活塞式压力计的测压介质为气体，活塞间隙内的润滑流体为液体，工作原理见图 7-5。一个可视液面的油杯底部与活塞筒相连，被测压力 p_g 同时作用在活塞底部和油杯液面上，活塞间隙中的液体压力 $p_i=p_g+\rho g h$，这个压力总是比测量压力 p_g 高出一个液柱差。由于压差不大且活塞间隙很小，进入系统的液体微乎其微，并且可分离到收集器，定期排除。由于采用液体润滑，活塞间隙被液体密封而没有泄漏，且不受检定介质洁净度的影响。因此，可做高压禁油压力仪表的检定，最高压力可达 100MPa。

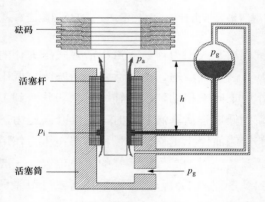

图 7-5　油润滑气介质活塞式压力计工作原理

（3）油介质活塞。油介质活塞的测压介质和润滑液体均为油，适于作为中、高压标准，并被广泛应用。近年来，由于活塞研磨工艺的提高，活塞式压力计的介质选用趋于低黏度的植物油和矿物油，从而提升活塞式压力计的灵敏度。

3. 按测力方式分类

活塞式压力计是通过向长度和质量溯源来定义压力的，质量的标准传递过程为砝码和天平组成的传递链。活塞式压力计既可采用砝码测量压力作用在活塞有效面积上产生的力，也可采用天平测量压力作用在活塞有效面积上产生的力。由此，活塞式压力计分为砝码式活塞压力计和天平式活塞压力计。

（1）砝码式活塞压力计。砝码加载方式可分为直接加载和间接加载两种，如：直接活塞顶端加载、降低重心顶端加载、活塞底端悬挂和活塞上端悬挂等加载方式为直接加载式活塞压力计；杠杆加载和倍增器液压加载为间接加载。

（2）天平式活塞压力计。天平式活塞压力计包括活塞组件、天平、标准砝码和底座。被测压力通过活塞转化为力，作用在天平横梁的一端，另一端采用砝码平衡，根据所加平衡砝码及天平两端臂长比，即可测出力值。天平可不等臂，从而可采用这种活塞式压力计测量微压和高压。早期高压活塞式压力计即采用这种结构，20世纪80年代初计量院、上海计量所、西安自动化仪表研究所和上海天平厂曾经联合研制过这种天平式微压活塞压力计。与我国同期研究这种活塞式压力计的还有DH公司，他们在20世纪70年代末开始设计，并于80年代初设计完成，成为商品。到目前已经多次更新换代，并采用电子天平，实现了活塞式压力计的数字化和检定点的连续化。

第三节 活塞式压力计的技术参数

一、活塞有效面积

使用活塞式压力计测量压力时，应考虑作用于活塞上的摩擦力，在活塞与活塞筒之间的间隙中，工作介质的运动和活塞的下降会引起摩擦力，该摩擦力为工作介质黏滞特性引起的摩擦力，其方向与活塞下降的方向相反，这就起到了减轻活塞重力的作用。考虑工作介质黏滞摩擦力，活塞式压力计测压结果按照下列公式计算，即

$$p = \frac{F - f}{A} \tag{7-2}$$

式中　p——测量压力，N；

　　　F——专用砝码重力，N；

f——工作介质黏滞摩擦力，N；

A——活塞横截面积，m^2。

其中，工作介质黏滞摩擦力 f 由式（7-3）表示，即

$$f = p\pi r(R-r) = p\pi rd \tag{7-3}$$

式中　R——活塞筒的内半径，cm；

r——活塞的半径，cm；

d——活塞筒的内半径 R 与活塞的半径 r 之差，cm。

将式（7-2）代入式（7-3）中，得到

$$p = (F - p\pi rd) / A \tag{7-4}$$

$$p = \frac{F}{A + \pi rd} = F / A_{yx} \tag{7-5}$$

A_{yx} 为活塞有效面积，与活塞横截面积 A 关系为

$$A_{yx} = A + \pi rd \tag{7-6}$$

式中　A_{yx}——活塞有效面积，m^2。

根据上述公式可以看出，利用活塞有效面积实际已把工作介质黏滞摩擦力考虑进去，因此使用活塞式压力计测压时不需要进行工作介质黏滞摩擦力修正。

二、活塞转动延续时间

活塞式压力计使用过程中，活塞需处于工作平衡位置且转动状态下，目的是消除活塞与活塞筒之间的机械摩擦，确保测量准确可靠。活塞延续时间长短是判断活塞式压力计性能优良的重要参数之一，针对不同量程、不同介质的活塞要求一定的旋转延续时间。

当活塞处于工作平衡位置，给予活塞式压力计一定的初速度，活塞会依靠惯性自由旋转，由于受到工作介质阻尼作用，活塞转动速度会慢慢递减。当活塞初速度为 v_0，则任意时间 t 时活塞瞬时速度为

$$v_t = v_0 e - c_1 t - f c_2(1 - e - c_1 t) \tag{7-7}$$

$$c_1 = 4\pi l\mu r^3 / ma^2 d \tag{7-8}$$

$$c_2 = db / 4\pi^2 l\mu r^3 \tag{7-9}$$

式中 c_1 和 c_2 ——常数；

v_t ——在时间 t 时活塞转动速度，r/s；

v_0 ——活塞转动初速度，r/s；

m ——活塞与专用砝码质量，kg；

a ——专用砝码半径，m；

f ——摩擦力，N；

t ——时间，s；

e ——自然对数的底；

b ——机械摩擦阻力作用半径，m；

l ——活塞伸入活塞筒内的长度，m；

d ——活塞系统单边间隙，m；

μ ——工作介质动力黏度，Pa·s；

r ——活塞半径，m。

三、活塞下降速度

活塞式压力计在使用时，会发现在砝码重力作用下活塞会以缓慢速度下降，这是因为在压力作用下工作介质充满活塞与活塞筒之间的间隙，并在间隙中产生连续而稳定的流动现象。随着间隙内介质溢出，活塞以一定速度下降补充溢出的介质，介质溢出越多则活塞下降速度越大。

活塞下降速度是活塞式压力计的重要参数之一，如果下降速度过大则导致活塞式压力计无法使用，活塞下降速度可用下面公式计算，即

$$v = pd^3 / 6\eta rl \qquad (7\text{-}10)$$

式中 v ——活塞下降速度，m/s；

p ——作用压力，Pa；

d ——活塞系统单边间隙，m；

η ——工作介质在大气压下动力黏度，Pa·s；

r ——活塞半径，m；

l ——活塞杆伸入活塞筒内长度，m。

活塞的下降速度与被测压力成正比。若测得某压力下的下降速度，就可推知其他压力下的下降速度。由于在不同压力下，活塞下降速度不同，所以考核活塞式压力计下降速度这一指标时，就不能在任意压力下进行。检定规程均规定在一定的压力下进行活塞下降速度检定。

活塞下降速度与活塞系统单边间隙的立方成正比。因此，活塞系统的间隙是影响下降速度的最重要原因，这是设计、工艺和加工中要求精密配研、保证很小间隙的理论根据。

活塞下降速度与工作介质的黏度的大小成反比。如果工作介质的黏度过大或过小，则难以得到活塞下降速度的正确数值。因此，检定规程中对活塞式压力计工作介质运动黏度有明确规定。

活塞下降速度与活塞杆浸入活塞筒内的长度成反比。活塞工作在不同位置，则其深入活塞筒的长度也就不同。因此，活塞式压力计在检定和使用时要固定在一个正常的工作位置上。

第四节　活塞式压力计的影响量

活塞式压力计工作时，其测量结果受到重力加速度、空气浮力、工作介质浮力、温度等因素的影响，需要进行修正，方可得到准确可靠的测量结果。

一、重力加速度的影响

新制造的活塞式压力计，按照标准重力加速度 $g_0=9.80665\text{m/s}^2$，确定配套专用砝码质量。因为使用地重力加速度与标准重力加速度不一致，会带来一定的测量误差，便需要进行重力加速度修正。

标准重力加速度下，作用压力为

$$p_0 = mg_0 / A \qquad (7\text{-}11)$$

当地重力加速度下，作用压力为

$$p = mg / A \qquad (7\text{-}12)$$

因重力加速度不同产生的压力修正值为

$$\Delta p = p - p_0 = p_0 \frac{g - g_0}{g_0} \qquad (7\text{-}13)$$

一般为克服重力加速度对测试结果的影响，活塞式压力计配套的专用砝码，应按照使用地重力加速度进行配重，这样就不用再进行重力加速度修正了。

二、温度的影响

如果活塞式压力计使用环境温度与其活塞有效面积测定时温度相差较大，则活塞有效面积应做温度修正，以确保得到准确的测量结果。

温度为 T 时，活塞有效面积变化量为

$$\Delta A = A_0(\alpha + \beta)(T - 20) \qquad (7\text{-}14)$$

式中　ΔA ——温度 T 时活塞有效面积的变化量，m^2；

　　　A_0 ——20℃时活塞的有效面积，m^2；

　　　α ——活塞材料的线膨胀系数，$1/℃$；

　　　β ——活塞筒材料的线膨胀系数，$1/℃$。

三、工作介质浮力的影响

带承重杆的活塞式压力计，由于承重杆和活塞头部浸没在工作介质中，便会受到工作介质产生的浮力，从而减轻了承重杆和活塞头部的重力。应该将因浮力抵消掉的质量计算工作介质浮力的影响，按式（7-15）计算，即

$$\Delta m = \rho V \qquad (7\text{-}15)$$

式中　ρ ——工作介质的密度，kg/m^3；

　　　V ——浸没在工作介质中的活塞承重杆和活塞头部的体积，m^3。

四、空气浮力的影响

活塞式压力计其专用砝码在使用时会受到空气浮力的作用，浮力的方向与重力方向相反，会抵消掉专用砝码质量。因此，需要进行空气浮力修正。空气浮力计算公式为

$$f = V_f \rho_k g = mg \frac{\rho_k}{\rho_f} \qquad (7\text{-}16)$$

式中　　V_f——砝码体积，m^3；

　　　　ρ_f——砝码密度，kg/m^3；

　　　　ρ_k——空气密度，kg/m^3；

　　　　g——使用地点重力加速度，m/s^2；

　　　　f——作用于砝码的空气浮力，N。

砝码在空气中的实际重量为

$$W = mg - f = mg\left(1 - \frac{\rho_k}{\rho_f}\right) \tag{7-17}$$

为了保证测量结果，使用活塞式压力计时必须针对空气浮力进行修正，修正方法为通过对专用砝码质量配重补偿因空气浮力影响带来的误差。

五、高压下形变的影响

用于高压测量的活塞式压力计工作时，活塞系统会产生一定的形变，影响测量结果。形变系数计算公式为

$$\lambda = \frac{1}{2E_1}\left[3\mu_1 - 1 + \frac{E_1}{E} \times \left(\frac{R_1^2 + R_2^2}{R_1^2 - R_2^2}\right) + \mu\right] \tag{7-18}$$

式中　　E——活塞筒材料的弹性模量，MPa；

　　　　E_1——活塞材料的弹性模量，MPa；

　　　　μ——活塞筒材料的泊松比；

　　　　μ_1——活塞材料的泊松比；

　　　　R_1——活塞筒的外半径，m；

　　　　R_2——活塞的半径，m。

第五节　活塞式压力计的检定

一、通用技术要求

1. 外观

活塞式压力计校验器的铭牌上应标有名称、型号、仪器编号、

测量范围、准确度等级、制造商名称和出厂日期等标记。

承重盘、专用砝码上应标有编号、压力值或标称质量值，以及砝码的顺序编号。

用电动机带动的活塞式压力计通电后，电动机转动应正常、平稳，不应有影响计量性能的跳动。

2. 活塞系统

活塞式压力计的活塞转动应灵活，并能自由地在活塞筒内移动，不得有卡滞现象。活塞和活塞筒的工作表面应光滑无锈点，不应有影响计量性能的锈蚀或划痕。

3. 专用砝码和承重盘

首次检定的活塞式压力计砝码和承重盘，其表面应完好，有耐磨防锈层的砝码不得有锈点，同时应光滑无砂眼及其他损伤。

活塞式压力计各个砝码的凹凸面须能正确配合，不得过松或过紧，并能保持同心。

同一标称值的砝码应具有相同的形状和尺寸。

如砝码或承重盘上有调整腔，调整塞的上表面不得高于砝码或承重盘的表面。

0.02 级以上（含 0.02 级）的活塞式压力计专用砝码应使用无磁金属材料。

二、计量性能要求

（1）准确度等级见表 7-1。

表 7-1　　　　活塞式压力计准确度等级和最大允许误差

准确度等级	最大允许误差	
0.005 级	压力值在测量范围下限以下时，为测量范围下限的 ±0.005%	压力值在测量范围内时，为实际测量压力值的 ±0.005%
0.01 级	压力值在测量范围下限以下时，为测量范围下限的 ±0.01%	压力值在测量范围内时，为实际测量压力值的 ±0.01%
0.02 级	压力值在测量范围下限以下时，为测量范围下限的 ±0.02%	压力值在测量范围内时，为实际测量压力值的 ±0.02%

准确度等级	最大允许误差	
0.05 级	压力值在测量范围下限以下时，为测量范围下限的±0.05%	压力值在测量范围内时，为实际测量压力值的±0.05%

（2）活塞有效面积见表 7-2。

表 7-2 　　　　　　活塞有效面积最大允许误差

准确度等级	活塞有效面积最大允许误差
0.005 级	±0.003%
0.01 级	±0.006%
0.02 级	±0.01%
0.05 级	±0.02%

（3）专用砝码质量见表 7-3。

表 7-3 　　　　　　专用砝码质量最大允许误差

准确度等级	专用砝码质量最大允许误差
0.005 级	±0.001%
0.01 级	±0.003%
0.02 级	±0.008%
0.05 级	±0.02%

（4）垂直度见表 7-4。

表 7-4 　　　　　　垂 　直 　度

准确度等级	垂直度不大于
0.005 级	2'
0.01 级	2'
0.02 级	2'
0.05 级	5'

（5）活塞转动延续时间见表 7-5。

表 7-5　　　　　　　　　活塞转动延续时间

测量范围上限 （MPa）	专用砝码外径不大于 （mm）	活塞转动延续时间不小于			
		0.005 级	0.01 级	0.02 级	0.05 级
0.6	140	50s	40s	30s	25s
6	230	3min	2min 30s	2min	1min
25	230	3min 30s	3min	2min 30s	1min 30s
60，100，160	290	4min	3min 30s	2min 30s	2min
250，500	340	6min	5min	4min	3min

（6）下降速度见表 7-6。

表 7-6　　　　　　　　　活塞下降速度

测量 范围 上限 （MPa）	负荷 压力 （MPa）	活塞下降速度不大于（mm/min）							
		0.005 级		0.01 级		0.02 级		0.05 级	
		新制造	使用中	新制造	使用中	新制造	使用中	新制造	使用中
0.6	0.6	0.15	0.3	0.2	0.4	0.2	0.5	0.8	1.5
6	6	0.15	0.4	0.2	0.4	0.2	0.5	0.5	1
25	25	0.2	0.4	0.2	0.5	0.5	1.0	0.5	1.5
60	60	0.2	0.5	0.3	0.8	0.8	1.0	1.0	1.5
100	100	0.4	0.7	0.4	0.8	0.8	1.0	1.0	1.5
160	160	0.4	0.8	0.5	1.0	1.0	1.3	1.0	1.6
250	250	0.5	1.0	0.6	1.2	1.0	1.5	1.5	2
500	500	1.5	2	1.5	2.2	1.5	2.5	2.0	3

（7）鉴别力。压力计的鉴别力应小于能产生相当于最大允许误差 10%压力的砝码质量值。

（8）密封性见表 7-7。

表 7-7 密 封 性

测量范围上限 （MPa）	试验压力 （MPa）	后 5min 压力下降值不大于			
		0.005 级	0.01 级	0.02 级	0.05 级
0.6	1	0.02	0.02	0.025	0.05
6	10	0.2	0.2	0.25	0.5
25	30	0.3	0.3	0.5	1.0
60	80	0.5	0.75	1.25	2.0
100	130	1.0	1.5	2.0	3.0
160	200	2.0	2.5	3.0	5.0
250	300	3.0	4.0	5.0	10.0
500	500	4.0	5.0	8.0	12.0

（9）活塞有效面积周期变化率见表 7-8。

表 7-8 活塞有效面积周期变化率

准确度等级	活塞有效而积周期变化率不大于
0.005 级	0.002%
0.01 级	0.004%
0.02 级	0.006%
0.05 级	0.015%

三、检定用设备

0.005 级活塞式压力计由国家压力基准传递，其他等级的活塞式压力计检定，可选用有效面积的最大允许误差小于被检压力计有效面积的最大允许误差 1/2 的活塞式压力计。一般选用相同测量上限的活塞式压力计检定。配套设备见表 7-9。

表 7-9 配 套 设 备

序号	仪器设备名称	技术要求	用途
1	标准天平或质量比较器	符合相应等级规程要求	专用砝码、活塞及其连接件的质量称量

续表

序号	仪器设备名称	技术要求	用途
2	标准砝码	符合相应等级规程要求	专用砝码、活塞及其连接件的质量称量
3	砝码*	克组、毫克组	检定活塞有效面积、鉴别力等
4	水平仪*	分度值为1'～2'	垂直性检定
5	百分表或千分表*	量程为5mm或10mm	下降速度检定
6	秒表*	分度值为1/5s或1/10s	延续时间检定和下降速度检定
7	精密压力表*	视情况选取适当等级与测量上限	密封性检定
8	活塞位置指示装置	位置指示，分辨力优于0.1mm	观察活塞平衡
9	液位差测量尺*	视情况定，分辨力应优于1mm	测量活塞参考平面液位差
10	差压指示仪	按照量程选择合适分辨力	可选，活塞平衡时指示标准与被检活塞式压力计之间的压力差

注 *为必备设备。

四、环境条件

活塞式压力计的检定在室温、相对湿度为80%以下的恒温室进行。检定前，活塞式压力计须在环境条件下放置2h以上，方可进行检定，环境条件见表7-10。

表 7-10　　　　　环 境 条 件

准确度等级	环境温度	
	活塞有效面积检定	其他项目检定
0.005 级	（20±0.2）℃	（20±2）℃
0.01 级	（20±0.5）℃	（20±2）℃
0.02 级	（20±1）℃	（20±2）℃
0.05 级	（20±2）℃	（20±2）℃

五、检定方法

(1) 校验器密封性。将工作介质充满校验器内腔和各导管,先在其中一个接嘴上装上精密压力表,关闭通往大气、油杯和造压泵的阀门,关闭通往检测口的阀门,设定试验压力进行 15min 的密封性试验,从第 11min 开始,计算后 5min 的压力下降值。再以同样的方法在其余接嘴上进行密封性检定。

(2) 承重盘平面对活塞轴线的垂直度检定。对测量范围为(0.6~250)MPa 的活塞式压力计,把活塞筒安装在压力计校验器上,用校验器造压将工作介质压入连接导管及活塞筒内,直到工作介质从活塞筒溢出且无气泡排出时,将表面粘满工作介质的活塞放入活塞筒内。安装完毕后加压,使活塞上升到工作位置。注意在安装过程中尽量避免手直接接触活塞和活塞筒,以避免活塞系统温度变化对检定的影响。把水平仪放在活塞式压力计承重盘(顶部)的中心处,调节校验器上螺钉,使水平仪气泡处于中间位置;然后把水平仪转动 90°(承重盘不动),用同样方法调整,使气泡处于中间位置。这样反复进行调整,直至水平仪放在这两个位置上时,气泡均处于中间位置。将水平仪分别放在 0°、90°位置上(0°为第一次放置的任意位置),在每一个位置均将承重盘转动 90°、180°,读取水平仪气泡对中间位置的偏离值。

对活塞式压力真空计,需用专用螺母接头将活塞系统装在压力校验器上,使活塞底部与活塞筒侧孔连通。然后在压力真空计承重杆上放一块外径为 90mm 的 0.9kg 专用砝码,造压使活塞处于工作位置,把水平仪放在专用砝码上,检查方法及要求同上。活塞系统已装上水平仪的压力真空计,上述要求达到后,应检查活塞系统水平仪水泡是否在中间位置,如不在中间位置,须对水平仪进行调整。

对双活塞压力真空计,先调整校验器的底脚螺钉,使校验器上的水准器气泡处于中间位置。此时用砝码压住其中一个活塞,使另一活塞升到工作位置。把水平仪放在承重盘上,则水平仪的气泡应保持在中间位置,然后将水平仪转动 90°(承重盘不动),水平仪的气泡仍应处在中间位置。再次将承重盘转动 90°、180°。水平仪的气泡在任一方向都应保持在中间位置。另一个活塞用同样方法进行调整。

（3）活塞转动延续时间检定。测量范围为（0.6~250）MPa 的活塞式压力计，按测量范围下限（测量范围下限无法确定的按测量范围上限的 10% 计算）的负荷压力用校验器造压使活塞处于工作位置。并以（20 ±1）r/10s 的角速度按顺时针方向转动。活塞自开始转动至完全停止的时间间隔为活塞转动延续时间。活塞转动延续时间检定 3 次，取其平均值。

活塞式压力真空计按检定规程规定的负荷压力，将专用砝码放在活塞承重盘上，造压使活塞处于工作位置。分别对活塞（带惯性轮和不带惯性轮）进行测定，以最大角速度使其按顺时针方向转动，自开始至完全停止的时间间隔为活塞转动延续时间。测定过程中活塞应保持工作位置。延续时间须测定 3 次，取其平均值。

双活塞压力真空计的简单活塞与差动活塞转动延续时间的测定，应先排除油路系统中的空气，用砝码压住一个活塞，使另一个活塞升到工作位置。活塞在空载下以最大角速度按顺时针方向转动，从开始到完全停止的时间间隔为该活塞的转动延续时间。用同样方法测定另一活塞的延续时间。每个活塞的延续时间均须测定 3 次，取其平均值。

（4）活塞下降速度检定。测量范围为（0.6~250）MPa 的活塞式压力计按规程规定的负荷压力，先排除校验器内空气，用校验器造压使活塞处于工作位置，关闭通向活塞的阀门。在专用砝码中心处放置百分表（或千分表），使表的触头垂直于专用砝码水平而且升高（3~5）mm，然后约以（30~60）r/min 的角速度使活塞顺时针方向自由转动，保持 3min 后，再观察百分表（或千分表）指针移动距离。同时用秒表测量时间，每次测时间不少于 1min，记录 1min 活塞下降的距离，检定 3 次，取其最大值。

活塞式压力真空计，每次测定的时间不少于 30s，先用上述方法测量压力状态下的活塞下降速度后，再使活塞筒侧孔通大气，用同样方法测量疏空状态下的下降速度。

双活塞压力真空计测定简单活塞下降速度时，需在差动活塞上加放 0.6kg 的专用砝码；测定差动活塞下降速度时，需在简单活塞上加放 3kg 专用砝码。测定时要打开通大气的阀门。

（5）活塞有效面积检定。将被检活塞式压力计和标准活塞式压力计安装在同一校验器上（或者将标准活塞式压力计与被检活塞式压力计通过管路连接起来），调整活塞的垂直位置。根据流体静力平衡法，将被检活塞式压力计与标准压力计进行面积比较检定。检定活塞式压力计的活塞有效面积，可采用直接平衡法和起始平衡法。

1）直接平衡法。首先，确定被检活塞式压力计和标准活塞式压力计的活塞及其连接件质量，然后测出两个活塞式压力计参考平面的高度差，再开始进行第一次平衡点的检定。第一个平衡点压力值一般为活塞式压力计测量范围上限的 10%～20%，分别在两压力计上加放专用砝码，并用校验器调压使得标准活塞与被检活塞升至工作平衡位置。在整个检定过程中，标准压力计和被检压力计的活塞均以约（30～60）r/min 的转动速度顺时针转动，并保持在工作位置。

确定标准和被检活塞式压力计平衡后，记录当前的压力值、活塞温度、加载砝码质量等数据，完成一个检定点的测试。然后以同样的方法，均匀地升压、降压进行其他检定点的测试，检定点一般不少于 5 个。

2）起始平衡法。首先，确定起始平衡压力，起始平衡点压力值一般为活塞式压力计测量范围上限的 10%～20%。在标准和被检活塞式压力计上放置砝码，用校验器加压使得两个活塞式压力计处于工作位置，并以（30～60）r/min 的转动速度顺时针转动。若两个活塞不平衡，则继续放置相应的调节砝码，直至两个活塞平衡为止。起始平衡点找到后，整个检定过程中保持不变。

起始平衡后，均匀升压。降压进行检定，检定点一般不少于 5 个，且应在测量范围内均匀分布。各检定点完成后，须对起始平衡点进行复测，检定前后起始平衡位置质量之差不得超过相当于该点最大允许误差的 10%压力的砝码质量，否则应重新检定。

（6）鉴别阈。各种类型活塞式压力计和压力真空计的鉴别阈是在检定活塞有效面积时进行的。当活塞处于工作平衡位置，并以（30～60）r/min 的转动速度顺时针保持转动时，在被检活塞式压力计上加放能破坏平衡的最小砝码质量，该质量值为被检活塞式压力计的鉴别阈。

（7）活塞有效面积周期变化率。活塞有效面积的周期变化率主要是为了保证作为相应等级的活塞式压力计能够满足长期稳定性的要求。周期变化率是指检定得到的有效面积值与上一个周期检定值的差值的绝对值与有效面积比值的百分数。

第六节　活塞式压力计的使用与维护

1. 活塞式压力计的使用

（1）活塞式压力计应安装在便于操作、牢固、无振动影响的工作台面上，台面应采用坚硬材料制成。

（2）油介质活塞式压力计的工作介质应根据测量范围的不同选用，必须保证介质纯净。如果压力计采用油气隔离器，可用来测量气体压力。使用时，应反复抽压多次，排出油液中的空气。

（3）气体活塞式压力计应选用纯净干燥的压缩空气或氮气作为工作介质。为避免水汽、尘土进入管路，气体管路中应加装过滤器和减压阀。

（4）使用压力计前，应进行水平调整，0.02 级及以上压力计垂直度偏差不得超过 2′，0.05 级压力计垂直度偏差不得超过 5′。

（5）活塞式压力计工作时，需以（30～60）r/min 的角速度按顺时针方向自由旋转；活塞杆浸入活塞筒的部分应等于活塞全长的 2/3～3/4，有限位器的压力计，活塞不得触及限位器。刻有工作位置指示线的压力计，工作时将其升至工作位置指示线。

（6）使用压力计时，注意缓慢升压和降压，急剧升压和降压会冲击活塞，还可能产生其他安全事故。

2．活塞式压力计的维护

（1）使用中的压力计应定期清洗，工作介质应保证清洁，在压力计的油杯和油管中不允许出现污垢和残留物。油介质应确保润滑性能良好、黏度适当，对活塞无腐蚀作用。

（2）与压力计配套使用的专用砝码和其他配套设备应定期检定，确保性能良好。

（3）定期更换密封圈，避免因密封圈老化导致漏油造成的压力稳不住现象。

（4）定期开展活塞转动延续时间和下降速度试验，确保符合检定规程的技术要求。

第八章　压力控制器

压力控制器是工业过程测量与控制系统中控制压力的一种专用仪表，广泛使用在化工、机械、水文、电力、环保等测量气体、液体压力的自动化系统中。因为调节方便灵活、安装简单，所以可以替代大部分使用液位开关的场合。

一、压力控制器的工作原理

压力控制器的工作原理为当输入压力达到设定值时进行控制或报警。根据工作原理可分为机械式压力控制器和电子式压力控制器。

1. 电子式压力控制器

电子式压力控制器是通过内置的传感器感应外部压力的，当外界压力值超过或低于设定压力值时，传感器的膜片状态会发生变化，对外发出控制信号，从而实现压力控制功能。当外部压力恢复初始状态时，传感器内部膜片会恢复初始位置，控制器复位。

电子式压力控制器使用在工控控制要求比较高的系统上，是在数字压力计的基础上，利用继电器输出信号进行上下限控制。控制点可以自由设定，迟滞小、抗振动、响应快、稳定可靠。利用回差设置可以有效保护压力波动带来的反复动作，保护控制设备，是检测压力、液位信号，实现压力、液位监测和控制的高精度设备。特点是：电子显示屏直观、精度高、使用寿命长、通过显示屏设置控制点方便，但是相对价格较高，需要供电。

2. 机械式压力控制器

机械式压力控制器又通常称压力开关，为纯机械形变导致微动开关动作。

工作原理为当系统内压力高于某一个设定压力计时，不同的压

感元件（弹簧管、膜片、膜盒、波纹管、活塞等）的自由端产生位
移，通过链接导杆推动开关内碟片瞬时发生移动；当压力降至额定
的恢复值时，碟片瞬时反向移动，开关自动复位，最终输出一个开
关量的电信号。

二、压力控制器的分类

（1）按工作原理可分为机械式压力控制器和电子式压力控制器。

（2）按感压元件的类型可分为膜片式、膜盒式、波纹管式、弹
簧管式和活塞式等（见图 8-1 和图 8-2）。

（3）按切换差是否可调可分为切换差可调型和切换差不可调型。

（4）按设定点是否可调可分为设定点可调型和设定点不可调型。

（5）按开关形式可分为常开式和常闭式。

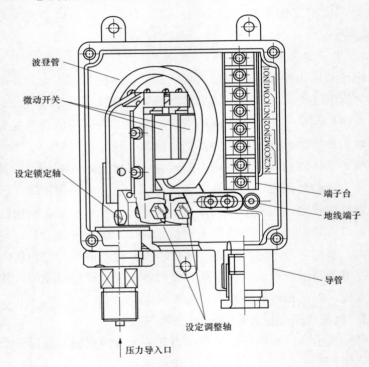

图 8-1　弹簧管式压力控制器结构图

三、主要技术参数

1. 控压范围

控制器能够控制的压力范围。

2. 设定点（值）

希望发生控制或报警的输入压力值。

3. 切换值

位式控制仪表上行程（或下行程）中，输出从一种状态换到另一种状态时所测得的输入值。

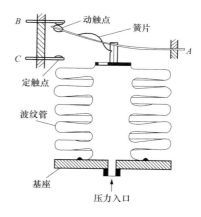

图 8-2　波纹管式压力控制器结构图

4. 上切换值

输入压力上升时，使控制器产生控制或报警信号发生变化时的压力值。

5. 下切换值

输入压力下降时，使控制器产生控制或报警信号发生变化时的压力值。

6. 切换差

同一设定点上切换值与下切换值之差。

7. 设定点偏差

输出变量按规定的要求输出时，设定值与测得的实际值之差。

四、压力控制器的检定

1. 通用技术要求

（1）标识。控制器的铭牌应完整清晰，其上应标注产品名称、型号、规格、准确度等级、设定值范围、出厂编号和制造厂商等信息。

（2）外观。控制器的表面应光洁平整，镀层应均匀，不得有剥落，紧固件不得松动、损伤，可动部分应灵活可靠，接头螺纹应无明显毛刺和损伤。使用中和修理后的控制器不应有影响计量性能的缺陷。

2. 计量性能要求

（1）准确度等级。控制器的准确度等级可分为 0.5 级、1.0 级、1.5 级、2.0 级、2.5 级、4.0 级。

（2）控压范围（见表 8-1）。

表 8-1　　　　　　　　　　　控　压　范　围

控压范围	
压力控制器（%）	真空控制器（%）
15～95	95～15

注　压力真空控制器的控压范围，其压力部分按压力控制器的要求，真空部分按真空控制器的要求。

（3）设定点偏差（见表 8-2）。

表 8-2　　　　　　　　　　设 定 点 偏 差

准确度等级	设定点偏差允许值（%）
0.5 级	±0.5
1.0 级	±1.0
1.5 级	±1.5
2.0 级	±2.0
2.5 级	±2.5
4.0 级	±4.0

注　对设定点偏差没有要求的控制器可以不做此项目。

（4）重复性（见表 8-3）。

表 8-3　　　　　　　　　　重　复　性

准确度等级	重复性误差允许值（%）
0.5 级	0.5
1.0 级	1.0
1.5 级	1.5

准确度等级	重复性误差允许值（%）
2.0 级	2.0
2.5 级	2.5
4.0 级	4.0

（5）切换差。生产厂商对切换差有要求的按生产厂商提供的指标，没有提供切换差指标的按以下要求：

1）切换差不可调的控制器，其切换差应不大于量程的 10%。

2）切换差可调的控制器，其最小切换差应不大于量程的 10%，最大切换差应不小于量程的 30%。

（6）绝缘电阻。控制器在环境温度为（15～35）℃、相对湿度为 45%～75%的条件下，下列端子之间的绝缘电阻应不小于 20MΩ：各接线端子与外壳之间；互不相连的接线端子之间；触头断开时，接线触头的两接线端子之间。

（7）绝缘强度。控制器在环境温度为（15～35）℃、相对湿度为 45%～75%的条件下，控制器各接线端子与外壳及互不相连的接线端子之间，施加频率为（45～65）Hz、电压按以下内容规定的试验，历时 1min 而不发生击穿和飞弧现象：各接线端子与外壳及互不相连的接线端子之间承受 1.5kV；触头断开时，接线触头的两接线端子之间承受 3 倍额定工作电压。

3. 检定用设备

检定用的标准器一般可选用精密压力表或数字压力计等。所选标准器的最大允许误差绝对值应小于被检控制器重复性误差允许值的 1/4。检定用标准器的量程应能覆盖控压范围上限时的上切换值。

检定用配套设备有造压器、真空泵、校验台、发信装置、绝缘电阻表和耐电压测试仪等。绝缘电阻表和耐电压测试仪的技术要求按表配套设备的规定（见表 8-4）。

表 8-4　　　　　　　　　检 定 用 设 备

序号	仪器设备名称	技术要求	用途
1	绝缘电阻表	输出电压：直流 500、100V 准确度等级：10 级	检定绝缘电阻
2	耐电压测试仪	输出电压：交流（0～1500）V 频率：（45～55）Hz 输出功率：不低于 0.25kW	检定绝缘强度

4. 环境条件

控制器的检定在室温（20±5）℃、相对湿度为 45%～75%的恒温室进行。检定前，控制器须在环境条件下放置 2h 以上，方可进行检定。检定时应无影响计量性能的机械振动。

5. 检定方法

（1）控压范围。对设定点可调的控制器，将设定点调至最大（若切换差可调，将切换差调至最小），对控制器由零缓慢地增加压力至触点动作，此时在标准器上读出的压力值为设定点最大值的上切换值；再将设定点调至最小，使控制器压力缓慢减少至触点动作，在标准器上读出此时的压力值为设定点最小值的下切换值。设定点最大值的上切换值与设定点最小值的下切换值之差符合要求。

（2）设定点偏差。将设定点调至控制器量程下限附近的标度处（若切换差可调，将切换差调至最小），逐渐增加压力，当标准器的指示压力接近设定点时再缓慢地增加输入压力逼近检定点至触点动作，此时在标准器上读出的压力值为上切换值。然后缓慢地减少压力至触点动作，此时在标准器上读出的压力值为下切换值。如此进行三个循环可得上切换值或下切换值的平均值。再将设定点调至控制器量程上限附近的标度处进行同样的检定。

实际测得的上（下）切换值平均值与选定的设定值之差与量程之比的百分数为设定点偏差，按式（8-1）或式（8-2）计算。若控制器的设定值控制的是上切换值，则设定点偏差为实测的上切换值平均值与设定值之差。若控制器的设定值控制的是下切换值，则设定点偏差为实测的下切换值平均值与设定值之差。

对设定点不可调的控制器设定点不调整。

$$\delta = \frac{\overline{Q}_{s} - S}{p} \times 100\% \qquad (8\text{-}1)$$

$$\delta = \frac{\overline{Q}_{x} - S}{p} \times 100\% \qquad (8\text{-}2)$$

式中　δ——设定点偏差；

　　$\overline{Q}_{s}$——设定点上切换值；

　　$\overline{Q}_{x}$——设定点下切换值；

　　S——设定点；

　　p——控制器量程。

（3）重复性误差。设定点偏差的检定过程中，同一检定点三次测量所得的上切换值之间最大差值的绝对值和下切换值之间最大差值的绝对值与量程之比的百分数为重复性误差，按式（8-3）和式（8-4）计算，即

$$R = \frac{\left| Q_{smax} - Q_{smin} \right|}{p} \times 100\% \qquad (8\text{-}3)$$

$$R = \frac{\left| Q_{xmax} - Q_{xmin} \right|}{p} \times 100\% \qquad (8\text{-}4)$$

式中　R——重复性误差；

　　Q_{smax}——设定点上切换值的最大值；

　　Q_{smin}——设定点上切换值的最小值；

　　Q_{xmax}——设定点下切换值的最大值；

　　Q_{xmin}——设定点下切换值的最小值。

（4）切换差。在设定点偏差检定中，同一设定点上切换值平均值与下切换值平均值的差值为切换差。

对切换差可调的控制器，将切换差调至最小，按设定点偏差检定的方法进行检定，此时得到最小切换差。将切换差调至最大，按设定点偏差检定的方法进行检定，此时得到最大切换差。

（5）绝缘电阻。在规定的环境条件下，用额定直流电压为 500V 的绝缘电阻表（兆欧表）分别测量接线端子之间的绝缘电阻，稳定 10s 后读数。

（6）绝缘强度。在规定的环境条件下，将控制器需要试验的端子接到耐电压测试仪上，使试验电压由零平稳地上升至检定规程的规定值，保持 1min，应不出现击穿或飞弧；然后使试验电压平稳地下降至零，并切断设备电源。

五、压力控制器的使用与维护

（1）压力开关在应用时需要先将设定值设定好，才可以进行压力的控制与报警。

（2）正确设置压力控制器的参数，各个参数都要设定在额定范围之内，切不可超负荷工作，避免影响使用寿命。

（3）若压力开关测量的介质是带有杂质、颗粒物，应定期清洗压力开关的接口内部，以免介质残留在内部逐渐锈蚀压力开关的元件。

（4）定期对数显压力开关进行性能检测，长期的使用必定会使压力开关内部元件逐渐老化，定期对其进行检查可以防止老化原件对压力开关测量过程造成的影响。

第九章　数字压力计

　　数字压力计是一种常见的计量器具，广泛用于电力、冶金、石油、化工、军工、计量系统等行业实验室和现场的计量、科研。

　　我国的压力测量仪表行业的发展经历了机械式、数字式的不同发展阶段。随着工业自动化技术的发展，数字压力计由于具有准确度高、产品性能好、功能性强等特点，在电力、石化行业内快速发展，并占有一定的市场份额。在压力测量领域，活塞式压力计准确度和稳定性很高，但其笨重，操作麻烦，而且无法实现进行连续测量；机械式压力表的价格便宜，但准确度一般较低，无法进行高精度量传工作。相比上述两种仪表，数字压力计具有简便易操作、性能稳定、读数直观等优点，不仅能够进行连续精密压力测量，还能作为高准确度的计量标准器具使用，在电力行业实验室和现场应用广泛。

一、基本结构和工作原理

　　数字压力计由压力传感部分、测量电路部分、指示器组成，具有测量范围宽、准确度高、远距离传输、方便携带等特点。

　　数字压力计的工作原理为：当被测压力经传压介质作用于压力传感器上，压力传感器输出相应的电信号或数字信号，经信号处理单元处理后在显示单元上（不局限于仪表本身，也可为配有专用软件的计算机）直接用数字显示出被测压力的量值（见图9-1）。

二、仪器的分类

1. 按照结构划分

　　按照结构划分，数字压力计可以分为整体型数字压力计和分离型数字压力计。

　　整体型数字压力计的压力传感器与数显仪表为一个整体，结构紧凑，一般由压力传感器、温度传感器、电源、运算放大器、模数转换器和显示器组成。为了便于开展工作，大多数制造厂家还配了压力（真空）泵，可为数字压力计提供压力（真空）源。

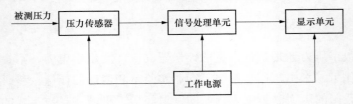

图 9-1　数字压力计工作原理示意图

分离型数字压力计一般由压力模块和主机两大部分组成，压力模块和主机通过专用电缆连接起来，两者可以拆开。主机内有电源、单片机、运算放大器、A/D 转换器和显示器等，压力模块内有压力传感器、单片机、A/D 转换器、温度传感器等，一台主机可以对应多个压力模块。

2. 按照被测压力划分

按照被测压力的不同，可以分为表压式数字压力计、绝压式数字压力计、差压式数字压力计等。

表压式数字压力计是指测量以大气压力（101.325kPa）为零点起算的、高于大气压力那部分压力的数字压力计。其中，正压是以大气压力为基准、高于大气压力的压力；而负压是相对于正压而言的，是以大气压力为基准，低于大气压力的压力。一般来说，普通压力表测的是表压。

绝压式数字压力计是指测量以绝对真空（0kPa）为零点起算的那部分压力的数字压力计，是指测量介质（液体、气体）所处空间的全部压力。测量绝压有专用的绝压表。

差压式数字压力计是指测量被测两端两个压力的差值的数字压力计。

3. 按照功能划分

按照功能划分，可以分为单功能数字压力计和多功能数字压力计。单功能数字压力计只能进行压力测量；多功能数字压力计不仅能进行压力测量，还具有测量非压力参数（如电流、电压、通断信号等）的功能，还可对外输出标准直流电压，实现多功能测量。

4. 按照数据读取方式划分

按照数据读取方式的不同，可以分为直接读取型、存储回放型。

三、主要技术参数

1. 测量范围

数字压力计的压力测量范围由所选配的压力模块或压力传感器所决定，通常能够达到的最大测量范围是（−0.1～250）MPa。

2. 准确度等级

准确度等级是指"在规定工作条件下，符合规定的计量要求，使测量误差或仪器不确定度保持在规定极限内的测量仪器或测量系统的等别或级别"。准确度等级对应着规定极限值所限定的是测量误差或仪器不确定度。

数字压力计常见的准确度等级有：0.01 级、0.02 级、0.05 级、0.1 级、0.2 级、0.5 级、1.0 级、1.6 级、2.5 级、4.0 级等。

3. 示值误差

数字压力计各检定点的示值误差等于各检定点正、反行程示值与各检定点的标准示值之间的差值。各检定点的示值误差的值可以是正数，也可以是负数。各个检定点的示值误差的绝对值均不能超过最大允许误差的绝对值。

4. 回程误差

回程误差是指取同一检定点正、反行程最大示值之差的绝对值作为数字压力计的回程误差，其值为非负数。数字压力计的回程误差不得大于最大允许误差的绝对值。

5. 零位漂移

通电预热 30min 后，在通大气压力时，记录数字压力计初始示值（有调零装置的在通大气的条件下可将初始示值调到零），然后每隔 15min 记录一次显示值，直到 1h。各显示值与初始显示值的差值中，绝对值最大的数值为零位漂移。零位漂移为非负数。

数字压力计（不含绝压压力计）的零位漂移量在 1h 内不得大于最大允许误差绝对值的 1/2。

6. 周期稳定性

通电预热后，应在不做任何调整的情况下（有调零装置的可将初始值调至零），对压力计进行正、反行程一个循环的示值检定，各检定点正、反行程示值与上个周期检定证书上相应的检定点正、反行程示值之差的最大值为周期稳定性。周期稳定性均为非负数。

周期稳定性检定项目仅针对 0.05 级及以上的数字压力计。准确度等级为 0.05 级及以上的数字压力计，相邻两个检定周期之间的示值变化量不得大于最大允许误差的绝对值。

7. 静压零位误差

差压数字压力计的静压零位误差不超过最大允许误差的绝对值。

8. 分辨力

分辨力是指使数字压力计末位显示数字发生变化所需要的最小的压力值。

9. 响应时间

从输入压力发生变化到数字压力计显示压力的变化过程的时间，被称为响应时间。响应时间越短，说明数字压力计就越灵敏；反之，响应时间越长，数字压力计就越迟钝。

四、数字压力计的检定

1. 新规程修订

2019 年 12 月 31 日，国家市场监督管理总局发布了 JJG 875—2019《数字压力计》国家计量检定规程，于 2020 年 3 月 31 日开始实施，代替旧版规程 JJG 875—2005《数字压力计》。与旧版规程 JJG 875—2005 相比，主要有几个方面的变化：增加了准确度级划分中 2.5 级和 4 级；按实际需要，调整了准确度等级的划分；对量程范围的概念进行了重新描述。

2. 检定项目

见表 9-1。

表 9-1   检 定 项 目

序号	检定项目	首次检定	后续检定	使用中检查
1	外观	+	+	+
2	绝缘电阻	+	-	-
3	零位漂移	+	+	-
4	稳定性	-	+	-
5	静压零位误差	+	+	-
6	示值误差	+	+	+
7	回程误差	+	+	+

注 "+"为应检项目，"－"为可不检项目。静压零位误差是差压式数字压力计的检定项目。

3. 检定用设备

检定时，压力标准器的测量范围应大于或等于数字压力计的测量范围，压力标准器的最大允许误差绝对值应不大于被检数字压力计最大允许误差绝对值的 1/3；在检定 0.05 级及以上的数字压力计时，若选用活塞式压力计或补偿式微压计作为压力标准器，压力标准器的最大允许误差绝对值应不大于被检数字压力计最大允许误差绝对值的 1/2。

可以选用活塞式压力计、双活塞式压力真空计、气体活塞式压力计、浮球式压力计、数字压力计（0.05 级及以上，年稳定性合格的）、自动标准压力发生器（0.05 级及以上，年稳定性合格的）、补偿式微压计或其他符合要求的标准器；同时还要根据需要配备符合被检仪表量程要求的准确度等级为 10 级的绝缘电阻表、压力源（气瓶、压力真空泵、空气压缩机等）、调压器、三通及导压管等其他仪器和辅助设备。

4. 环境条件

（1）检定温度：0.02 级及以上的压力计为（20±1）℃，0.05 级的压力计为（20±2）℃，0.1 级及以下的压力计为（20±5）℃。

（2）相对湿度：小于或等于 75%。

（3）数字压力计所处环境应无影响输出稳定的机械振动。

5. 检定方法

（1）检定前的准备工作及要求。

1）检定设备和被检数字压力计为达到热平衡，必须在检定条件下放置 2h。准确度低于 0.5 级的数字压力计可缩短放置时间，一般为 1h。

2）根据数字压力计实际使用工作介质选取检定用工作介质。工作介质为气体时，介质应清洁、干燥；工作介质为液体时，介质应考虑制造厂推荐的或送检者指定的液体，尽量使导压管中充满工作介质。当数字压力计明确要求禁油时，应采取禁油措施。

3）检定前应调整检定装置或数字压力计的（安装）位置，尽可能使两者的受压点在同一水平面上。当两者的受压点不在同一水平面上时，因工作介质高度差引起的检定附加误差应不超过数字压力计最大允许误差的 1/10，否则应进行附加误差修正。

4）检定点的选取及检定循环次数。准确度等级为 0.05 级及以上的数字压力计检定点不少于 10 个点（含零点）；准确度等级为 0.1 级及以下的数字压力计检定点不少于 5 个点（含零点），所选取的检定点应较均匀地分布在全量程范围内；准确度等级为 0.05 级及以上的数字压力计，升压、降压（或疏空、增压）检定循环次数为 2 次，0.1 级及以下的数字压力计检定循环次数为 1 次。

5）示值检定前应做 1～2 次升压（或疏空）预压试验。检定中升压（或疏空）和降压（或增压）应平稳，避免有冲击和过压现象。在各检定点上应待压力值稳定后方可读数，并做好记录。

（2）外观检查。

1）主要通过目力观察的方法，来检查被检表的标志、零件装配等，应符合检定规程的有关要求。外观检查主要还是靠检定员眼睛判别，个别项目检查还要借助于手的动作。

2）新制造的数字压力计的结构应坚固，外露件的镀层、涂层应光洁，不应有剥脱、划痕。开关、旋（按）钮等功能键及接（插）件应完好牢固。使用中和修理后的数字压力计不应有影响其计量性能的缺损。

3）数字压力计的铭牌上应标明产品名称、型号或规格、测量范围、准确度等级、制造商名称或商标、出厂编号、计量器具型式批准的标志和编号等信息，并清晰可辨。

4）用于差压测量的数字压力计压力输入端口处应有高压（H）、低压（L）的标志。

5）用于绝压测量的数字压力计应有明确的标识。

6）数字显示笔画齐全，不应出现缺笔画的现象；显示部分不得有漏液、花屏现象。

（3）绝缘电阻检定。在环境温度为（15～35）℃、相对湿度为45%～75%时，断开电源，使数字压力计的电源开关置于接通状态，将电源的正负端短接，用绝缘电阻表测量电源端子与机壳之间的绝缘电阻。测量时，应稳定 5s 后读数。

在交流供电的检定环境条件下，数字压力计电源端子对机壳之间的绝缘电阻应不低于 20MΩ。

（4）零位漂移。通电预热 30min 后，在通大气压力时，记录数字压力计初始示值（有调零装置的在通大气的条件下可将初始示值调到零），然后每隔 15min 记录一次显示值，直到 1 h。各显示值与初始显示值的差值中，绝对值最大的数值为零位漂移。绝压型压力计不做此项目。

数字压力计（不含绝压压力计）的零位漂移量在 1h 内不得大于最大允许误差绝对值的 1/2。

（5）周期稳定性。周期稳定性检定项目仅针对 0.05 级及以上的压力计。

通电预热后，应在不作任何调整的情况下（有调零装置的可将初始值调至零），对压力计进行正、反行程一个循环的示值检定。各检定点正、反行程示值与上个周期检定证书上相应的检定点正、反行程示值之差的最大值为周期稳定性，按式（9-1）计算，即

$$\Delta W = | p_{\text{w}} - p_{\text{z}} | \tag{9-1}$$

式中　ΔW ——数字压力计相邻两个检定周期之间的周期稳定性，Pa、hPa、kPa 或 MPa；

　　　　p_{w} ——周期稳定性检定各检定点正、反行程示值，Pa、kPa 或 MPa；

　　　　p_{z} ——上个周期检定证书上各检定点正、反行程示值，Pa、kPa 或 MPa。

准确度等级为 0.05 级及以上的数字压力计，相邻两个检定周期之间的示值变化量不得大于最大允许误差的绝对值。

（6）示值误差。周期示值稳定性检定后，如发现数字压力计示值超差，通过数字压力计的手动或内置校准程序将数字压力计示值调整到最佳值，再进行示值误差检定；如数字压力计示值在合格范围内，也应将数字压力计示值调整到最佳值，再进行示值误差检定。

数字压力计示值误差按式（9-2）进行计算，即

$$\Delta p = p_{\text{R}} - p_{\text{S}} \tag{9-2}$$

式中　Δp ——数字压力计各检定点示值误差，Pa、hPa、kPa 或 MPa；

　　　　p_{R} ——数字压力计各检定点正、反行程示值，Pa、hPa、kPa 或 MPa；

　　　　p_{S} ——标准器各检定点的标准示值，Pa、hPa、kPa 或 MPa。

对于差压数字压力计，要进行静压零位误差检定：将单向差压数字压力计或双向差压数字压力计的高压端（H）和低压端（L）相连通，施加额定静压的 100%压力，待压力稳定后，读取静压零位示值，连续重复进行 3 次检定；单向差压数字压力计要进行示值误差检定，要将低压端（L）通大气，高压端（H）与检定装置相连接，

示值误差检定及示值误差计算公式同上；双向差压数字压力计要进行示值误差检定，需先使低压端（L）通大气，高压端（H）与检定装置相连接，检定正向压力量程，然后使高压端（H）通大气，低压端（L）与检定装置相连接，检定负向压力量程。示值误差检定及示值误差计算公式同上。

（7）回程误差检定。回程误差可利用示值误差检定的数据进行计算。取同一检定点正、反行程最大示值之差的绝对值作为数字压力计的回程误差。

数字压力计的回程误差不得大于最大允许误差的绝对值。

五、维护与使用

为了保证数字压力计的计量性能，仪表要正确地使用和定期进行维护。

（1）数字压力计在使用过程中严禁超压使用，否则会因压力过载而损伤数字压力计，造成设备和人身安全事故。

（2）压力介质必须与压力传感器的材料相适应，否则会损坏传感器。测量氧气等特殊介质的压力时，则需要加装相应的隔离装置或选用专用的压力传感器或压力模块；传压介质为液体时，应使取压口的位置与数字压力计的压力传感器或压力模块在同一水平面上，否则要对液柱高度差引起的误差予以修正。

（3）固体颗粒或其他硬物不得引入导管内，以免引起损坏。

（4）加压要缓慢，过分冲击会引起压力传感器的疲劳故障。

（5）数字压力计使用前需要按照说明书中的要求通电预热，预热后在未加压力的情况下校准零点。

（6）数字压力计应定期检定，以确保其测量准确性。

第十章 压力变送器

压力变送器是一种将压力变量转换为可传送的标准化输出信号的仪表，而且其输出信号与压力变量之间有一给定的连续函数关系（通常为线性函数）。主要用于工业过程压力、差压和流量的测量和控制。在电力、化工、冶金、食品、航空等领域广泛使用各种类型的变送器。随着数字控制技术和通信技术的发展和普及，压力变送器的输出（传输）方式由单一的标准（电）信号向辅以现场总线的方向发展，并正向纯数字化迈进。

一、基本结构和工作原理

压力变送器的工作原理为：通过某些转换元件（一般为压力传感器）按照一定的规律将压力信号转换成可用的输出电信号，该信号经放大，变为可传送的、统一的标准化输出信号（见图 10-1）。

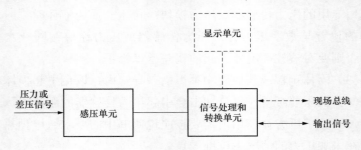

图 10-1 压力变送器原理框图

压力变送器通常由感压单元、信号处理和转换单元组成。有些压力变送器增加了显示单元，还有些压力变送器具有现场总线功能。信号处理和转换单元中包括了仪表放大器、模拟/数字转换器、微处理器、存储器和操作键。输出是通过与微处理器耦合的专用接口按约定的现场总线协议实现的。

二、仪器的分类

1. 按照输出信号分类

压力变送器按照输出信号可以分为两大类，即电动压力变送器和气动压力变送器。电动压力变送器的输出信号为（0～10）mA、（4～20）mA 的直流电流或者（1～5）V 的直流电压；气动压力变送器的输出信号为（20～100）kPa 的气体压力。

结合电厂实际使用情况，以输出信号为（4～20）mA 的直流电流的压力变送器为主。

2. 按照工作原理分类

压力变送器按照工作原理可以分为电容式、谐振式、力平衡式、应变式和压阻式等。

（1）电容式。电容式为固定电容极板和位于中间的感压极板组成两个电容室，过程压力通过导压灌充液（硅油）传导至感压极板，感压极板产生与压力成正比的位移，该位移使差分电容室的电容改变，再由电路转换为与电容的介电常数无关的毫伏信号，再放大处理。当压力直接作用在测量膜片的表面时，使膜片产生微小的形变，测量膜片上的高精度电路将这个微小的形变变换成为与压力成正比的高度线性、与激励电压也成正比的电压信号，然后采用专用芯片将这个电压信号转换为工业标准的（4～20）mA 电流信号或者（1～5）V 电压信号。由于测量膜片采用标准化集成电路，内部包含线性及温度补偿电路，所以可以做到高精度和高稳定性。变送电路采用专用的两线制芯片，可以保证输出两线制（4～20）mA 电流信号，方便现场接线。

（2）压阻式。压阻式主要分为应变、陶瓷压阻、扩散硅三类。

1）应变式。将压敏电阻以惠斯顿电桥形式与应变材料（不锈钢）结合在一起。电阻应变片是一种将被测件上的应变变化转换成为一种电信号的敏感器件，是压阻式应变变送器的主要组成部分之一。电阻应变片应用最多的是金属电阻应变片和半导体应变片两种。金属电阻应变片又有丝状应变片和金属箔状应变片两种。通常是将应变片通过特殊的粘合剂紧密的粘合在产生力学应变基体上，当基体受力发生应力变化时，电阻应变片也一起产生形变，使应变片的阻值发生改变，从而使加在电阻上的电压发生变化。应变式过载能力强，灵敏度较低；量程为 500kPa～500MPa，强度高，温漂小；线性好，精度高。

2）陶瓷压阻。将压敏电阻以惠斯顿电桥形式与陶瓷烧结在一起。压力直接作用在陶瓷膜片的前表面，使膜片产生微小的形变，厚膜电阻印刷在陶瓷膜片的背面，连接成一个惠斯通电桥（闭桥）。由于压敏电阻的压阻效应，使电桥产生一个与压力成正比的高度线性、与激励电压也成正比的电压信号。陶瓷压阻量程为 50kPa～40MPa，应变能力低，抗冲击能力较差。

3）扩散硅。在硅片上注入粒子形成惠斯顿电桥的压敏电阻。灵敏度高，精度高，过压能力强，量程为 1kPa～40MPa，温度漂移大。用于表压和绝压测量，传感器表面生产集成化的惠斯顿电桥，压力作用使传感器表面产生变形，形变引起可变电阻桥臂的失衡，电桥的失衡电流送至下一级电信号处理部分。被测介质的压力直接作用于传感器的膜片上（不锈钢或陶瓷），使膜片产生与介质压力成正比的微位移，使传感器的电阻值发生变化。和用电子线路检测这一变化，并转换输出一个对应于这一压力的标准测量信号。总的特点为：量程迁移小，稳定性好，温度漂移在后期电路补偿。

3. 按照被测压力分类

压力变送器按照被测压力可以分为绝压压力变送器、表压压力变送器和差压压力变送器。

三、主要技术参数

1. 输出信号

电动压力变送器的输出信号为：（0～10）mA、（4～20）mA 的直流电流或者（1～5）V 的直流电压；气动压力变送器的输出信号为（20～100）kPa 的气体压力。

2. 回程误差

回程误差又称回差，是指压力变送器在同一个测量点的上行程与下行程输出值之差。

3. 示值误差

压力变送器的示值误差按准确度等级来划分，示值误差不应超过最大允许误差。

4. 差压变送器静压影响

静压影响只适用于差压变送器，并以输出下限值的变化量来衡量。定义为额定工作压力下的下限输出值与大气压状态下的下限输出值之差的绝对值与差压变送器满量程输出值之比。

四、压力变送器的检定

1. 检定设备

检定时所需的标准仪器及配套设备可按被检压力变送器的技术要求，参照表 10-1 所示主标准器进行选择并组合成套。成套后的标准器组，在检定时由此引入的扩展不确定度 U 应不大于被检压力变送器最大允许误差绝对值的 1/4；准确度等级为 0.05 级的压力变送器，由此引入的扩展不确定度 U 应不大于被检压力变送器最大允许误差绝对值的 1/3。

表 10-1 压力变送器检定用的主标准器

仪器	仪器名称	技术要求
压力标准器	活塞式压力计； 双活塞式压力真空计； 浮球式压力计； 补偿式微压计； 数字压力计（0.05 级以上且年稳定性合格）	通过不确定度分析确定
电学标准器	直流电流表	上限不低于 20mA 0.01 级～0.05 级
	直流电压表 标准电阻	（0～5）V、（0～50）V（0.01 级～0.05 级） 100、250Ω（不低于 0.05 级）

2. 环境条件

（1）检定温度。准确度等级为 0.05 级、0.075 级的压力变送器：

（20±2）℃；准确度等级为 0.1 级及以下的压力变送器：（20±5）℃；每 10min 变化不大于 1℃。

（2）相对湿度。小于或等于 80%。

（3）压力变送器所处环境应无影响输出稳定的机械振动。

（4）检定区域内应无明显的气体流动。

（5）压力变送器周围除地磁场外，应无影响其正常工作的外磁场。

（6）电源。交流供电的压力变送器，其电压变化不超过额定值的±1%，频率变化不超过额定值的±1%；直流供电的压力变送器，其电压变化不超过额定值的±1%。

3. 检定项目

压力变送器的首次检定、后续检定和使用中检查的检定检验项目见表 10-2。

表 10-2 检定项目和使用中检查项目

序号	检定项目	首次检定	后续检定	使用中检查
1	外观	+	+	+
2	密封性	+	−	−
3	绝缘电阻	+	+	−
4	绝缘强度	+	−	−
5	示值误差	+	+	+
6	回差	+	+	−
7	差压变送器静压影响	+	*	*

注 "+"是应检项目；"*"是必要时可检项目；"−"是可不检项目。

4. 检定方法

（1）外观检查。主要通过目力观察和通电检查的方法。压力变送器上的标识应完整、清晰，并具有以下信息：产品名称、出厂编号、生产年份、型号规格、测量范围、计量单位、准确度等级、额定工作压力、电源形式、信号输出形式、制造商名称或商标、型式批准标识及编号等；防爆产品还应有防爆标识。

差压变送器的高压容室与低压容室应有明显标记。

压力变送器接线端子应有相应的标记。

压力变送器主体和部件应完好无损，紧固件不得有松动和损伤现象，可动部分应灵活可靠。具有压力指示器（数字显示功能）的压力变送器，数字显示应清晰，不应有缺笔画现象。

首次检定的压力变送器主体和部件的外表面应光洁、完好、无锈蚀和霉斑。

（2）密封性检查。平稳地升压（或疏空），使压力变送器测量室压力达到测量上限值（或当地大气压力 90%的疏空度），关闭压力源，保压 15min，观察是否有泄漏现象。在最后 5min 内通过观察压力表示值或通过观察压力变送器输出信号的等效值来确定压力值的变化量。差压变送器在进行密封性检查时，高压容室和低压容室连通，并同时施加额定工作压力进行观察。

压力变送器的测量部分在承受测量压力上限值时（差压变送器为额定工作压力），不应有泄漏现象；最后 5min 压力值下降（或上升）不应超过测量压力上限值的 2%。

（3）绝缘电阻。断开压力变送器的电源，将电源端子和输出端子分别短接。用绝缘电阻表分别测量电源端子与接地端子（外壳），电源端子与输出端子，输出端子与接地端子（外壳）之间的绝缘电阻。压力变送器绝缘电阻的检定，除制造厂另有规定外，一般采用额定电压为 500V 的绝缘电阻表作为测量设备。对于电容式压力变送器进行试验时，应采用额定电压为 100V 的绝缘电阻表作为测量设备，或按企业标准规定的要求进行检定。

在环境温度为（15～35）℃、相对湿度为 45%～75%时，压力变送器各组端子（包括外壳）之间的绝缘电阻应不小于 20MΩ。二线制的压力变送器只进行输出端子对外壳的试验。

（4）绝缘强度。断开压力变送器的电源，将电源端子和输出端子分别短接。用耐电压测试仪分别测量电源端子与接地端子（外壳）、电源端子与输出端子、输出端子与接地端子（外壳）之间的绝缘强度。测量时，试验电压应从零开始增加，在（5～10）s内平滑均匀地升至表10-3所示的试验电压值（误差不大于10%），保持1min，然后平滑地降低电压至零，并切断试验电源。

在环境温度为（15～35）℃、相对湿度为45%～75%时，压力变送器各组端子（包括外壳）之间施加表10-3所规定的频率为50Hz的试验电压，历时1min应无击穿和飞弧现象。二线制的压力变送器只进行输出端子对外壳的绝缘强度试验。

表 10-3　　　　　　试 验 电 压

压力变送器端子标称电压 U（V）	试验交流电压（V）
0<U<60	500
60≤U<250	1000

（5）示值误差的检定。被检压力变送器为达到热平衡，必须在检定条件下放置2h；准确度等级低于0.5级的压力变送器可缩短放置时间，一般缩短至1h。标准器、配套设备和被检压力变送器连接，并使导压管中充满传压介质。传压介质为气体时，介质应清洁、干燥；传压介质为液体时，介质应考虑制造厂推荐的或送检者指定的液体。被检压力变送器按规定的安装位置放置。当传压介质为液体时，压力变送器取压口的参考平面与标准器取压口的参考平面（或活塞式压力计的活塞下端面）应处在同一水平面上。若不在同一水平面，其高度差不大于式（10-1）的计算结果时，引起的误差可以忽略不计，否则应予修正。输出负载按制造单位规定选取。如规定值为两个以上的电阻值，则对直流电流输出的压力变送器应取最大值，对直流电压输出的压力变送器应取最小值。除制造单位另有规定外，压力变送器一般需通电预热5min以上。

$$h = \frac{|a\%|\, p_m}{10\rho g} \tag{10-1}$$

式中　h——高度差最大允许值，m；

α% ——压力变送器的准确度等级的百分数；

p_m ——压力变送器的输入量程，Pa；

ρ ——传压介质的密度，kg/m^3；

g ——当地的重力加速度，m/s^2。

检定点的选择应按量程基本均匀分布，一般应包括上限值、下限值（或其附近 10% 输入量程以内）在内不少于 5 个点。0.1 级及以上准确度等级的压力变送器应不少于 9 个点。绝压变送器的零点应尽可能小，一般不大于量程的 1%。

对于输入量程可调的压力变送器，首次检定的压力变送器应将输入量程调到规定的最小量程、最大量程分别进行检定；后续检定和使用中检查的压力变送器可只进行常用量程或送检者指定量程的检定。

检定前，用改变输入压力的办法对压力变送器输出下限值和上限值进行调整，使其与理论的下限值和上限值相一致。一般可以通过调整"零点"和"满量程"来完成。具有数字信号传输（现场总线）功能的压力变送器，应该分别调整输入部分及输出部分的 "零点"和"满量程"，同时将压力变送器的阻尼值调至最小。

从下限开始平稳地输入压力信号到各检定点，读取并记录输出值至测量上限，然后反方向平稳改变压力信号到各个检定点，读取并记录输出值至测量下限，此为一个循环。0.1 级及以下的压力变送器进行 1 个循环检定；0.1 级以上的压力变送器应进行 2 个循环的检定。强制检定的压力变送器应至少进行上述 3 个循环的检定。在检定过程中不允许调整零点和量程，不允许轻敲和振动压力变送器，在接近检定点时，输入压力信号应足够慢，避免过冲现象。

压力变送器的示值误差按式（10-2）计算，即

$$\Delta I = I - I_L \qquad (10\text{-}2)$$

式中 ΔI ——压力变送器各检定点的示值误差，mA、V 或数字量；

I ——压力变送器正行程或反行程各检定点的实际输出值，mA、V 或数字量；

I_L ——压力变送器各检定点的理论输出值，mA、V 或数字量。

误差计算过程中数据处理原则为：小数点后保留的位数应以舍入误差小于压力变送器最大允许误差的 1/10 为限。判断压力变送器是否合格应以舍入以后的数据为准。

具有压力指示器的压力变送器，其指示部分示值误差的检定按 JJG 875—2019 进行。对具有数字信号传输功能的压力变送器，可采用能忽略本身示值误差的计算机监控软件、制造单位提供的通信器或专用通信设备采集的读数作为压力变送器的输出信号。

（6）回差的检定。回差的检定与示值误差的检定同时进行，回差按式（10-3）计算，即

$$\Delta I_d = |I_Z - I_F| \qquad (10\text{-}3)$$

式中　ΔI_d ——压力变送器的回差，mA、V；

I_Z、I_F ——压力变送器正行程及反行程各检定点的实际输出值，mA、V。

（7）差压变送器静压影响的检定。将差压变送器高、低压容室连通，从大气压力缓慢加压至额定工作压力，保持 1min，测量静压下的下限输出值；然后释放至大气压力，1min 后测量大气压力状态下的下限输出值。并按式（10-4）计算，即

$$\delta_{p_0} = \left|\frac{p_{Li} - p_{L0}}{Y_{FS}}\right|_{\max} \times 100\% \qquad (10\text{-}4)$$

式中　δ_{p_0} ——静压影响引起的下限（零点）输出值变化量，%；

p_{Li} ——额定工作压力下的下限（零点）输出值，mA、V 或数字量；

p_{L0} ——大气压状态下的下限（零点）输出值，mA、V 或数字量；

Y_{FS} ——差压变送器满量程输出值，mA、V 或数字量。

五、使用与维护

为了保证压力变送器的正确指示和长期使用，一个重要的因素

是仪表的使用与维护质量。在使用时应注意下列各项规定：

（1）防止渣滓在导管内沉积和变送器与腐蚀性或过热的介质接触。

（2）测量气体压力时，取压口应开在流程管道顶端，并且变送器也应安装在流程管道上部，以便积累的液体容易注入流程管道中。

（3）测量液体压力时，取压口应开在流程管道的侧面，以避免沉积积渣。变送器的安装位置应避免液体的冲击，以免过压损坏。

（4）导压管应安装在温度波动小的地方。

（5）冬季发生冰冻时，安装在室外的压力变送器必须采取防冻措施，避免引压口内的液体因结冰体积膨胀，导致损坏。

（6）接线时，拧紧密封螺帽，防止泄漏。

第十一章 弹性元件式压力表

弹性元件式压力表是测量液体、气体及真空压力的专用仪表，因其成本低廉、测量范围广、示值直观、安装维修方便等优点，在工业生产中得到了广泛的应用。本章结合电厂实际工作，主要介绍精密压力表和一般压力表的工作原理、技术要求、检定方法等。其中，精密压力表主要用于检定一般压力表，也可用于液体或气体压力和真空的精密测量，一般压力表主要用于液体、气体与蒸汽的压力测量。

一、基本结构和工作原理

弹性元件式压力表由测量系统、指示部分、外壳部分组成。其中测量系统包括接头、弹性元件和传动机构等；指示部分包括指针和表盘；外壳部分包括表壳、罩圈和表玻璃等。仪表有较好的密封性，能保护其内部测量机构免受机械损伤和污秽侵入。

弹性元件式压力表的工作原理是利用弹性敏感元件（如弹簧管）在压力作用下产生弹性形变，其形变量的大小与作用的压力成一定的线性关系，通过传动机构放大，由指针在分度盘上指示出被测的压力。弹性元件式压力表的弹性敏感元件一般采用弹簧管式，也可以采用其他形式的弹性敏感元件（见图 11-1）。

二、仪器的分类

1. 按准确度等级

按准确度等级分类，一般压力表可分为：1.0 级、1.6（1.5）级、2.5 级和 4 级；精密压力表可分为：0.1 级、0.16 级、0.25 级、0.4 级、0.6 级。

2. 按测量压力的种类

按测量压力的种类的不同，可分为压力表、真空表、压力真空表、微压表、气压表、绝压表等。

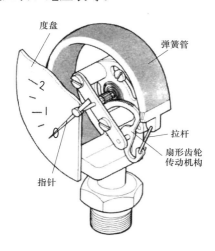

图 11-1 弹簧管式压力表结构图

3. 按构造用途

按构造用途分类，可分为电接点压力表、远传压力表、不锈钢压力表、耐震压力表、隔膜压力表等。

4. 按弹性敏感元件种类

按所用的弹性敏感元件分类，可分为弹簧管式、膜片式、膜盒式和波纹管式等。

（1）膜片式压力表。当膜片两边压力不等时，膜片就会发生形变、产生位移，当膜片位移很小时，它们之间具有良好的线性关系，这就是利用膜片进行压力检测的基本原理。膜片受压力作用产生的位移，可直接带动传动机构指示。

（2）波纹管式压力表。波纹管是一种具有同轴环状波纹、能沿轴向伸缩的测压弹性元件。当它受到轴向压力作用时能产生较大的伸长收缩位移，通常在其顶端安装传动机构，带动指针直接读数。波纹管的特点是灵敏度高（特别是在低区），适合检测低压信号（不大于 1MPa），但波纹管时滞较大，测量精度一般只能达到 1.5 级。

（3）弹簧管式压力表。弹簧管是弯成圆弧形的空心管子（中心角通常为 270°），其横截面呈非圆形（椭圆货扁圆形）。开口端作为固定端，被测压力从开口端接入到弹簧管内腔，封闭端作为自由端，可以自由移动。当被测压力从弹簧管的固定端输入时，由于弹簧管的非圆横截面，使它有变成圆形并伴有伸直的趋势，使自由端产生位移并改变中心角度。由于输入压力与弹簧管自由端产生的位移成正比，所以只要测得自由端的位移量就能够反映压力的大小。弹簧管有单圈和多圈之分。单圈弹簧管的中心角度变化量较小，而多圈弹簧管的中心角度变化量较大，二者的测压原理是相同的。弹簧管常用的材料有锡青铜、磷青铜、合金钢、不锈钢等，适用于不同的压力测量范围和测量介质。

三、主要技术参数

1. 最大允许误差

对于压力表来说，其准确度等级会在出厂时的标志铭牌上给出。根据仪器的准确度等级，可以计算出其最大允许误差。最大允许误差的计算公式为

最大允许误差=±［（测量上限–测量下限）×该准确度等级对应的百分数］

例如一块准确度等级为 0.25 级、量程为（0～6）MPa 的精密压力表，其最大允许误差为：±［（6–0）×0.25%］，即为：±0.015MPa。

2. 零位误差

零位误差是指"输入量为零时的测量误差"。即在通大气的情况下，被检压力表指针指示的数值与零点的差。

3. 示值误差

示值误差是指"测量仪器示值与对应输入量的参考量值之差"。即被检压力表指针指示的数值与标准器提供的标准值的差。

4. 回程误差

回程误差是指"在相同条件下，被测量值不变、计量器具行程方向不同时，其示值之差的绝对值"。即在同一个检定点，被检压力

表正行程示值与反行程示值之差的绝对值。

做回程误差的目的主要是考核同一检定点，上下行程示值的差值。因为弹性元件有它的特性——弹性迟滞，即在同一压力作用下，正反行程弹性形变的不重合性称为弹性迟滞，弹性迟滞越大，回程误差越大。需要提醒的是，回程误差是个绝对值。

5. 轻敲位移

轻敲位移是指"轻敲压力表外壳后，仪表示值产生的变动量"。即在同一个检定点，轻敲后示值与轻敲前示值之差的绝对值。

检查轻敲位移的目的是观察指针有无跳动或位移情况，了解各部件装配是否良好、游丝盘得是否得当、传动部件机械摩擦、调解螺丝钉是否松动、齿牙啮合好坏、指针是否松动等。

6. 指针偏转平稳性

即在测量范围内，指针偏转应平稳，无跳动或卡针现象。

四、弹性元件式精密压力表和真空表的检定

1. 检定设备

选择的标准器的最大允许误差绝对值应不大于被检精密表最大允许误差绝对值的 1/4，可以选用活塞式压力计、双活塞式压力真空计、浮球式压力计、弹性元件式精密压力表和真空表、0.05 级及以上的数字压力计（年稳定性合格的）、标准液体压力计或其他符合要求的标准器；同时还要根据需要配备符合被检仪表量程要求的压力（真空）校验器、压力（真空）泵，检定禁油的精密表还要配备油-气或油-水隔离设备等其他仪器和辅助设备。

2. 环境条件

（1）检定温度：0.1 级、0.16 级、0.25 级精密表为（20±2）℃；0.4 级、0.6 级精密表为（20±3）℃。

（2）相对湿度：小于或等于 85%。

精密表在检定前应在以上规定的环境条件下至少静置 2h。因为压力表会受环境温度变化影响，所以在检定前一定要在检定环境条件下放置 2h，基本达到热平衡方可检定。

3．检定用工作介质

（1）测量上限不大于 0.25MPa 的精密表，工作介质为清洁的空气或无毒、无害和化学性能稳定的气体。

（2）测量上限为（0.25～400）MPa 的精密表，工作介质为无腐蚀性的液体或根据标准器所要求使用的工作介质。

（3）测量上限为 400MPa 以上的精密表，工作介质为药用甘油和乙二醇混合液或根据标准器所要求使用的工作介质。

4．检定项目

首次检定、后续检定和使用中检查的检定项目见表 11-1。

表 11-1　　　　　　　　　　检 定 项 目 表

序号	检定项目	首次检定	后续检定	使用中检查
1	外观	+	+	−
2	零位误差	+	+	+
3	示值误差	+	+	+
4	回程误差	+	+	+
5	轻敲位移	+	+	+
6	指针偏转平稳性	+	+	+

注　"+"为应检项目，"−"为可不检项目。

5．检定方法

（1）外观。主要通过目测手感的方法，来检查被检表的标志、分度盘、零件装配等，应符合检定规程 JJG 49—2013 的有关要求。外观检查主要还要靠目测法判别，当然有的条款检查还要借助于手的动作。

外形结构上，精密表应装配牢固、无松动现象；精密表的可见部分应无明显的瑕疵、划伤，连接件应无明显的毛刺和损伤。

精密表应有如下标志：产品名称、计量单位和数字、出厂编号、制造年份、测量范围、准确度等级、制造商名称或商标、制造计量器具许可证标志及编号等。

指示装置方面，精密表表面玻璃应无色透明，不得有妨碍读数的缺陷或损伤；精密表分度盘应平整光洁，数字及各标志应清晰可辨；精密表指针指示端刀锋应垂直于分度盘，并能覆盖最短分度线长度的 1/4～3/4，指针与分度盘平面的距离应在（0.5～1.5）mm 之间；精密表指针指示端的宽度应不大于分度线的宽度。

测量范围（上限和正常量限）的上限应符合以下系列中之一：（1×10^{n}，1.6×10^{n}，2.5×10^{n}，4×10^{n}，6×10^{n}）/Pa、kPa 或 MPa。其中 n 是正整数、负整数或零。

分度值符合以下系列中之一：（1×10^{n}，2×10^{n}，5×10^{n}）/Pa、kPa 或 MPa。其中 n 是正整数、负整数或零。

（2）零位误差检定。在规程规定的环境条件下，将精密表内腔与大气相通，并按正常工作位置放置，用目力观察，零位误差检定应在示值误差检定前后各做一次。

（3）示值误差检定。精密表的示值检定是采用标准器示值与被检精密表的示值直接比较的方法（见图 11-2）。

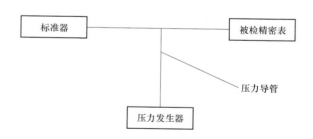

图 11-2　精密表示值检定连接示意图

选用液体介质的压力标准器检定精密表时，应使精密表指针轴与压力标准器测压点处在同一水平面上。当精密压力表指针轴与压力标准器测压点不在同一水平面时，液柱高度差产生的压力值超过被检表最大允许误差绝对值的 1/10，由此产生的液柱高度差必须进行修正。修正方法有：调整压力标准器测压点使其与精密压力表指针轴处于同一水平面；或者计算出液柱高度差产生的压力值，在精密压力表示值中加以修正。由高度差产生的误差 Δp 按式（11-1）进行修正，即

$$\Delta p = \rho g h \qquad (11\text{-}1)$$

式中　　ρ ——工作介质密度，kg/m^3；

　　　　g ——检定地点重力加速度，m/s^2；

　　　　h ——被检表中心轴与标准器测压点的高度差，m。

　　精密表示值误差检定点应不少于 8 个点（不包括零值），真空表测量上限的检定点按当地大气压 90% 以上选取，检定点的选取尽可能在测量范围内均匀分布。

　　精密表示值误差检定时，从零点开始均匀缓慢地加压至第一个检定点（即标准器的示值），然后读取被检精密表的示值（按分度值 1/10 估读）。接着用手指轻敲一下精密表外壳，再读取被检精密表的示值并进行记录。轻敲前、后被检精密表示值与标准器示值之差即为该检定点的示值误差。如此依次在所选取的检定点进行检定直至测量上限，切断压力源（或真空源），耐压 3min 后，再依次逐点进行降压检定直至零位。

　　检定精密真空表时，个别低气压地区，可按该地区气压的 90% 以上疏空度进行 3min 耐压检定。

　　弹性元件式压力表需在测量上限处进行耐压试验，原因为弹性元件式压力仪表准确度的高低，在其灵敏度确定以后，从本质上讲主要取决于弹性敏感元件在压力或疏空作用下所产生的弹性后效、弹性迟滞以后残余变量大小（即仪表的来回差）。而这些弹性敏感元件的主要特征只有在其极限工作压力（或疏空）下工作一段时间，才能最充分体现出来，同时也可借此检验弹性敏感元件的渗漏情况。因此，弹性元件式压力仪表必须在其测量上限处进行耐压检定。

　　对 0.1 级精密表连续进行 3 次示值检定；对 0.16、0.25 级精密

表连续进行 2 次示值检定；对 0.4、0.6 级精密表只进行 1 次示值检定。

有调零装置的精密表，在示值检定前允许调整零位，但在整个示值检定过程中，不允许调整精密表零位。

（4）回程误差检定。回程误差的检定是在示值误差检定时进行，同一检定点升压、降压轻敲表壳后被检精密表示值之差的绝对值即为精密表的回程误差。

（5）轻敲位移检定。轻敲位移检定是在示值误差检定时进行，同一检定点轻敲精密表外壳前与轻敲精密表外壳后指针位移变化所引起的示值变动量为轻敲位移数。

（6）指针偏转平稳性检查。在示值误差检定的过程中，目力观测指针的偏转情况。

五、弹性元件式一般压力表、压力真空表和真空表的检定

1. 检定设备

选择的标准器最大允许误差绝对值应不大于被检压力表最大允许误差绝对值的 1/4。可供选择的标准器有：弹性元件式精密压力表和真空表、活塞式压力计、双活塞式压力真空计、标准液体压力计、补偿式微压计、0.05 级及以上数字压力计（年稳定性合格的）和其他符合要求的标准器。同时还要根据需要配备符合被检仪表量程要求的其他仪器和辅助设备，如压力（真空）校验器、压力（真空）泵、油-气或油水隔离器等其他仪器和辅助设备。

2. 环境条件

（1）检定温度：小于或等于（20±5）℃。

（2）相对湿度：小于或等于≤85%。

（3）环境压力：大气压力。

仪表在检定前应在以上规定的环境条件下至少静置 2h。因为根据检定时的环境条件要求，压力表会受环境温度变化影响，所以在检定前一定要在检定环境条件下放置 2h，基本达到热平衡方可检定。

3. 检定用工作介质

（1）测量上限不大于 0.25MPa 的压力表，工作介质为清洁的空气或无毒、无害和化学性能稳定的气体。

（2）测量上限为 0.25MPa 到 400MPa 的压力表，工作介质为无腐蚀性的液体或根据标准器所要求使用的工作介质。

（3）测量上限大于 400MPa 的压力表，工作介质为药用甘油和乙二醇混合液或根据标准器所要求使用的工作介质。

4. 安装要求

压力表必须垂直安装在压力（真空）校验器上，标准器和被检仪表的受压点应在同一水平面上，否则应对液柱高度差引起的压力值进行修正。

5. 检定项目

首次检定、后续检定和使用中检查的检定项目见表 11-2。

表 11-2　　　　　　　　检 定 项 目

序号	检定项目	首次检定	后续检定	使用中检查
1	外观	+	+	+
2	零位误差	+	+	+
3	示值误差	+	+	+
4	回程误差	+	+	+
5	轻敲位移	+	+	+
6	指针偏转平稳性	+	+	+

注　"+"为应检项目，"–"为可不检项目。

6. 检定方法

（1）外观。主要通过目测手感的方法，检查被检表的标志、分度盘、零件装配等，应符合检定规程 JJG 52—2013 的有关要求。

外形结构：压力表应装配牢固、无松动现象；压力表的可见部分应无明显的瑕疵、划伤，连接件应无明显的毛刺和损伤。

压力表应有如下标志：产品名称、计量单位和数字、出厂编号、生产年份、测量范围、准确度等级、制造商名称或商标、制造计量器具许可证标志及编号等。

指示装置：

1）压力表表面玻璃应无色透明，不得有妨碍读数的缺陷或损伤。

2）压力表分度盘应平整光洁，数字及各标志应清晰可辨。

3）压力表指针指示端应能覆盖最短分度线长度的 1/3～2/3，带设定指针的压力表其设定指针指示端应能覆盖主要分度线长度的 1/4～2/4。

4）压力表指针指示端的宽度应不大于分度线的宽度。

5）具有调零装置的压力表，其调零装置应灵活可靠。

测量范围（上限和正常量限）的上限应符合以下系列中之一：$(1×10^n, 1.6×10^n, 2.5×10^n, 4×10^n, 6×10^n)$/Pa、kPa 或 MPa。其中 n 是正整数、负整数或零。

分度值符合以下系列中之一：$(1×10^n, 2×10^n, 5×10^n)$/Pa、kPa 或 MPa。其中 n 是正整数、负整数或零。

（2）零位误差检定。在规定的环境条件下，将压力表内腔与大气相通，并按正常工作位置放置，用目力观察。零位误差检定应在示值误差检定前后各做一次。

（3）示值误差检定。压力表的示值检定是采用标准器示值与被检压力表的示值直接比较的方法。示值误差检定点应按标有数字的分度线选取，真空表测量上限的检定点按当地大气压 90%以上选取。

检定时，从零点开始均匀缓慢地加压至第一个检定点（即标准器的示值），然后读取被检压力表的示值（按分度值 1/5 估读），接着用手指轻敲一下压力表外壳，再读取被检压力表的示值并进行记录。轻敲前、后被检压力表示值与标准器示值之差即为该检定点的示值误差。如此依次在所选取的检定点进行检定直至测量上限，切断压力源（或真空源），耐压 3min 后，再依次逐点进行降压检定直至零位，有正负两个压力量程的压力表应该分别进行正负两个压力量程的示值误差检定。

压力真空表真空部分的示值误差检定：压力测量上限为（0.3～2.4）MPa，疏空时指针应能指向真空方向；压力测量上限为 0.15MPa，真空部分检定两个点的示值误差；压力测量上限为 0.06MPa，真空部分检定三个点的示值误差。真空表应按当地大气压 90%以上疏空度进行耐压 3min。

（4）回程误差检定。回程误差的检定是在示值误差检定时进行的，同一检定点升压、降压轻敲表壳后被检压力表示值之差的绝对值即为压力表的回程误差。

（5）轻敲位移检定。轻敲位移检定是在示值误差检定时进行的，同一检定点轻敲压力表外壳前与轻敲压力表外壳后指针位移变化所引起的示值变动量即为压力表的轻敲位移。

检查轻敲位移的目的是观察指针有无跳动或位移情况，了解各部件装配是否良好、游丝盘得是否得当、传动部件机械摩擦、调解螺丝钉是否松动、齿牙啮合好坏、指针是否松动等。

（6）指针偏转平稳性检查。在示值误差检定的过程中，目力观测指针的偏转情况。指针偏转平稳性检查是在示值误差检定时同时进行。

六、几种专用压力表的检定

1. 氧气压力表的无油脂检查和示值检定

氧气压力表是专门用于测量氧气压力的仪表。因为氧气遇到油脂会燃烧爆炸，所以为确保其无油脂，氧气压力表在示值检定前后必须进行无油脂检查。检查的方法是：将温水注入弹簧管内，反复摇荡后，将温水导入清洁的容器内，观察水面是否存在油花，如果存在油脂，必须用四氯化碳清洗。

氧气压力表进行示值检定时，需采用油水隔离器装置，该装置可将油介质和水隔离开，以避免氧气压力表和油介质接触。

2. 带检验指针压力表的检定

先将检验指针与示值指针同时进行示值检定，并记录读数，然后将示值指针回到零位，对示值指针再次进行示值检定。各检定点两次升压示值之差均不能大于最大允许误差的绝对值。示值检定中，轻敲表壳时检验指针不得移动。

3. 双针双管压力表的检定

双针双管压力表是合在一起的两个压力表，可以同时显示两个压力，同时双管不得连通。检定时首先进行两管连通性的检定。检查的方法是将其中一个接头装在校验器上，加压至上限，这时指针应到上限，另一个指针应指零点，同时另一个接头也不应有油渗出，在这种情况下，两管是不连通的。然后进行示值检定，将双针双管压力表用专用接头接上，进行示值检定。双针双管压力表还应检查两指针示值之差值，其差值不得超过最大允许误差的绝对值，两针不得相互影响。

4. 电接点压力表的检定

电接点压力表具有压力控制和报警功能，检定项目包括示值误差、绝缘电阻、设定点偏差、切换差。

绝缘电阻检定：将绝缘电阻表的两根导线分别接在电接点压力表的电信部分与外壳上，读取绝缘电阻值，绝缘电阻值不低于20MΩ。

设定点偏差和切换差的检定：将发信器连接在电接点压力表上，将下限信号针先后固定在测量范围的 25%、50%附近两点上，将上限信号指针先后固定在测量范围的 50%、75%附近两点上。缓慢加压或降压，让示值指针向信号针靠拢。直至发出信号的瞬时为止。这时，标准器的读数与信号指针示值之间的偏差，就是设定点偏差。在同一设定点上，信号接通与断开时的实际压力值之差称为切换差。

七、使用与维护

为了保证弹性元件式压力表的准确性和延长使用寿命，正确地使用和定期维护工作是必要的。

（1）压力表应保持洁净，表盘上的玻璃应明亮清晰，使表盘内指针指示的压力值能清楚易见，表盘玻璃破碎或表盘刻度模糊不清的压力表应停止使用。

（2）压力表要定期进行校验。

（3）压力表要正确安装，易燃、易爆、有毒、腐蚀等特殊条件环境下采用特殊仪表等。

（4）仪表安装位置尽量与测量位置处于同一水平面，如果产生附加高度误差，必须进行修正。

第三篇　温　度　计　量

第十二章 温度计量基础知识

温度是表征物体冷热程度的物理量，是国际单位制（SI）中七个基本物理量之一，也是工业生产中重要的物理参数。但它与其他基本量相比要复杂，温度是一个内涵量（强度量），与系统的量（质量、物质的量）无关。

一、温标

为了保证温度量值的统一和准确，应当建立一个用来衡量温度的标准尺度，简称为温标。温标就是温度的数值表示方法。各种温度计的数值都是由温标决定的。

温标的三要素为：固定点、内插仪器和内插公式。

1. 经验温标

经验温标是利用某种物质的物理特性和温度变化的关系，用实验的方法或经验公式来确定的温标。

经验温标主要包括摄氏温标、华氏温标、列式温标和兰金温标等，其中应用较广的是华氏温标和摄氏温标。

（1）摄氏温标。冰点定为 0℃，沸点定为 100℃，中间划分为 100 等份，每一等份为 1℃，是世界上大多数国家采用的温度单位。

（2）华氏温标。一个标准大气压下，冰的融点为 32℉，水的沸点为 212℉，中间划分为 180 等份，每一等份为 1℉，这就是华氏温标。

摄氏温标和华氏温标的换算关系为

$$t/\text{℃}=（t/\text{℉}-32）\times\frac{5}{9} \tag{12-1}$$

2. 热力学温标

因为经验温标需要借助于测温物质的物理性质，因此有很大的局限性，不能适用于任意地区或任意场合。热力学温标是开尔文（Kelvin）在 1848 年提出的，利用卡诺定理建立起来的温标，以热力学第一定律、第二定律为基础，与测温物质本身的性质无关。热力学温度的单位是开尔文（K），是国际单位制（SI）7 个基本单位之一。

卡诺定理简述为：所有工作于两个一定温度之间的热机，以可逆热机的效率为最大。其推论为：所有工作于两个一定的温度之间的可逆热机，其效率相等。卡诺循环由两个定温过程和两个绝热过程交错组成。遵守卡诺定理的可逆热机热效率 η 为

$$\eta = \frac{W}{Q_1} = \frac{Q_1 - Q_2}{Q_1} = \frac{T_1 - T_2}{T_1} \tag{12-2}$$

式中　Q_1——卡诺热机从高温热源吸收的热量；

　　　Q_2——卡诺热机向低温热源发出的热量；

　　　W——卡诺热机所做的功（由热力学第一定律可得 $W = Q_1 - Q_2$）；

　　　T_1——高温热源的温度；

　　　T_2——低温热源的温度。

式（12-2）简化后可得

$$\frac{Q_1}{Q_2} = \frac{T_1}{T_2} \tag{12-3}$$

式（12-3）说明，工作于两个热源之间交换热量之比等于两热源温度之比。这样引入的温标称为热力学温标或开尔文温标。显然，热力学温标与测温物质的性质无关，因此又称为绝对温标。1954 年，国际计量大会决定把水三相点温度 273.16K 定义为热力学温标的基本固定温度，而热力学温度的单位开尔文（K）就是水三相点的热力学温度的 1/273.16。

为了统一摄氏温标和热力学温标，1960 年的第 11 届国际计量大会对摄氏温标做了新的定义，规定它由热力学温标导出。摄氏温度 t 的定义为

$$t = T - 273.15 \tag{12-4}$$

摄氏温度 t 的单位是摄氏度，符号为℃。

3. 理想气体温标

理论证明，利用定容或定压理想气体温度计测出的温度就是热力学温标中的温度。因此，人们通常是利用理想气体温度计来实现热力学温标。

理想气体是实际气体在压强趋于零时的极限，它具有两个基本性质。

（1）理想气体状态方程计算式为

$$pV = nRT' \tag{12-5}$$

式中　p ——压强；

　　　V ——体积；

　　　n ——物质的量；

　　　R ——摩尔气体常数；

　　　T' ——理想气体温标所确定的温度。

（2）内能仅仅是温度的函数，其计算式为

$$U = U(T') \tag{12-6}$$

利用上述性质可以证明，理想气体可逆卡诺定理的效率为

$$\eta = 1 - \frac{T_2'}{T_1'} \tag{12-7}$$

式（12-7）分别与式（12-2）、式（12-3）进行比较后可得

$$\frac{T_2'}{T_1'} = \frac{T_2}{T_1} \tag{12-8}$$

同时，理想气体温标也把水三相点温度规定为 273.16K。因此，理想气体温标所确定的温度 T' 等于热力学温度 T。

理想气体温标可以用气体温度计来实现，但是由于实际气体并不是理想气体，所以在利用气体温度计测温时，必须对测量值进行修正，才能得到热力学温度值。

4. ITS-90 国际温标

国际温标定义为：由国际协议而采用的易于高精度复现，并在当时知识和技术水平范围内尽可能接近热力学温度的经验温标。

热力学温标是最基本的温标，但热力学温标装置太复杂，实现非常困难。为了实用上的准确和方便，1927 年第七届国际计量大会上决定采用国际温标，这是第一个国际协议性温标（ITS-27）。现行国际温标是 ITS-90。

1990 年的国际温标同时定义了国际开尔文温度 T_{90} 和国际摄氏温度 t_{90}，T_{90} 和 t_{90} 之间的关系为

$$t_{90} / \text{℃} = T_{90} / \text{K} - 273.15 \tag{12-9}$$

物理量 T_{90} 的单位为开尔文（符号为 K），t_{90} 的单位为摄氏度（单位为℃），与热力学温度 T 和摄氏温度 t 一样。

1990 国际温标的定义：0.65～5.0K 之间，T_{90} 由 ^{3}He 和 ^{4}He 的蒸汽压与温度的关系式来定义。3.0K 到氖三相点（24.5561K）之间，T_{90} 是用氦气体温度计来定义的。平衡氢三相点（13.8033K）到银凝固点（961.78℃）之间，T_{90} 是用铂电阻温度计来定义的。银凝固点（961.78℃）以上，T_{90} 借助于一个定义固定点和普朗克辐射定律来定义。

二、温度名词术语

1. 通用

（1）温度。温度表征物体的冷热程度。温度是决定一个系统是否与其他系统处于热平衡的物理量，一切互为热平衡的物体都具有相同的温度。

温度与分子的平均动能相联系，它标志着物体内部分子无规则运动的剧烈程度。

（2）热力学温度。按热力学原理所确定的温度，其符号为 T。

（3）开尔文。开尔文是热力学温度单位，定义为水三相点热力学温度的 $1/273.16$，符号为 K。

（4）摄氏温度。摄氏温度 t 与热力学温度 T 之间的数值关系为 $t = T - 273.15$。

（5）摄氏度。摄氏温度的单位，符号为℃，它的大小等于开尔文。

（6）温标。温度的数值表示法。

（7）经验温标。借助于物质的某种物理参量与温度的关系，用实验方法或经验公式构成的温标。

（8）国际［实用］温标。由国际协议而采用的易于高精度复现，并在当时知识和技术水平范围内尽可能接近热力学温度的经验温标。

注：现行的国际实用温标是"1990 国际温标"，它包括 17 个定义固定点，规定了标准仪器和温度与相应物理量的函数关系。

（9）相。物理化学性质完全相同，且成分相同的均匀物质的聚集态称为相。

注：热力学系统中的一种化学组分称为一个组元，如果系统仅由一种化学组分组成称为单元系。

（10）相变。一种相转换为另一种相的过程，称为相变。

注：对于单元系，体积发生变化，并伴有相变潜热的相变称为一级相变。

例如：固体熔化为液体，液体汽化为气体，固体升华为气体。体积不发生变化，也没有相变潜热，只是热容量、热膨胀系数、等温压缩系数三者发生突变的相变称为二级相变。例如：液体氦Ⅰ和氦Ⅱ间的转变，超导体由正常态转变为超导态均属于此类相变。

（11）固定点。同一物质不同相之间的可复现的平衡温度。

（12）定义固定点。国际温标中所规定的固定点。

（13）三相点。指一种纯物质在固、液、气三个相平衡共存时的温度。

注：例如水三相点、氩三相点、镓三相点等。

（14）水三相点。水的固、液、气三个相平衡共存时的温度。其值为 273.16K（0.01℃）。

注：水三相点为测温学中最基本的固定点。

（15）凝固点。晶体物质从液相向固相转变时的平衡温度。

（16）熔化点。晶体物质从固相向液相转变时的平衡温度。

（17）固定点炉。用于实现固定点的温度可控制并能达到一定稳定和均匀程度的装置。

注：介质可以为水、油、酒精等。

2. 工业铂、铜热电阻

（1）热电阻。由一个或多个感温电阻元件组成的、带引线、保护管和接线端子的测温仪器。

（2）标称电阻值 R_0。热电阻（或感温元件）在 0℃时的期望电阻值。其值通常有 10、50、100、500、1000Ω，它由制造商申明并标于热电阻上。感温元件常以其标称电阻值表征，例如一个 Pt100 的感温元件，其标称电阻值为 100Ω；一个 Cu50 的感温元件，其标称电阻值为 50Ω。

（3）电阻温度系数。单位温度变化引起电阻值的相对变化。感温元件和热电阻的电阻温度系数用 α 表示。

（4）恒温槽。以某种物质为介质，温度可控制并能达到一定稳定和均匀程度的装置。

3. 廉金属热电偶

补偿导线。一对与被校热电偶配用的补偿导线。若与所配用的被校热电偶正确连接，就把该被校热电偶的参考端移至这对导线的输出端。

4. 温度二次仪表

（1）基本误差。在参考条件下确定的仪表本身所具有的误差。

（2）回差（回程误差）。在一个测量循环中，同一检定点因测量行程引起的测得值之差。

（3）分辨力。在数字显示仪表中，变化一个末位有效数字的示值。

（4）设定点误差。具有位式或时间比例控制作用的仪表，输出变量按规定的要求输出时，测得的实际输入值与设定期望值之差。

（5）静差。比例积分微分作用的仪表，输出在稳态时测得的实际输入值与期望值之差。

（6）切换值。位式控制仪表上行程（或下行程）中，输出从一种状态变换到另一种状态时所得的输入（电量）值。上行程时测得的为上切换值，下行程时测得的为下切换值。

（7）切换差。上、下行程切换值之差。

（8）时间比值（ρ）。在时间比例作用仪表的输出中，一个周期脉冲的持续时间与持续、间隔时间之和的比值。

（9）零周期。在时间比例作用仪表的输出中，当一个周期脉冲中的持续时间与间歇时间相等时，所测得的持续、间歇时间之和。

（10）手动再调。在时间比例作用仪表的输出中，用改变手动信号的办法使设定点期望输出的时间比值变化，以利于消除或减小静差的调整。

（11）比例带（比例范围）。由于比例控制作用，使输出产生全范围变化所需的输入变化（以百分数表示）。

（12）再调时间（积分时间）。具有比例积分作用的仪表，当输入变量给定为阶跃变化时，再调时间为输出变量达到阶跃施加后，立即得到的变化值的 2 倍所需要的时间。

（13）预调时间（微分时间）。具有比例微分作用的仪表，当输入变量给定为斜坡状（等速）变化时，预调时间为输出变量达到斜坡施加后，立即得到的变化值的 2 倍所需的时间。

5. 膨胀式温度计

（1）感温液。位于感温泡和毛细管中可随温度变化而热胀冷缩的液体。

（2）感温泡。玻璃液体温度计的感温部位，位于温度计的最下端，可容纳绝大部分感温液体的玻璃泡。

（3）毛细管。具有毛细孔的玻璃管，它熔接在感温泡上面。当温度变化时，感温泡液柱在毛细管内上下移动。温度计的标度所在部位的毛细管称作测量毛细管。

（4）刻度线。印在玻璃棒或刻度板上用以指示温度值的刻线。

（5）刻度值。印刻在玻璃棒或刻度板上用以指示温度值的数字。

（6）刻度板。内标式玻璃液体温度计内印刻刻度线、刻度值和其他符号的平直、有色（如乳白色）的薄片。

（7）主刻度。测量范围部分的刻度。

（8）主刻度线。带有数字的刻度线。

（9）分度值。两相邻刻度线所对应的温度值之差。

（10）辅助刻度。为检查零点示值所设置的刻度线和刻度值。

（11）展刻线。温度计测量上限和测量下限以外的刻度线。

（12）浸没标志。局浸温度计用以表示浸没位置的标志线或浸没深度。

（13）中间泡。毛细管内径的扩大部位，其作用是容纳部分感温液，以缩短温度计长度。

（14）安全泡。毛细管顶端的扩大部位，其作用是当被测温度超过温度计上限一定温度时，保护温度计不致损坏，还可以用来连接中断的感温液柱。

（15）全浸式温度计。当温度计的感温泡和全部感温液柱浸没在被测介质内，且感温液柱上端面与被测介质表面处于同一水平时，才可以正确显示温度示值的玻璃液体温度计。

注：在实际使用时，全浸温度计的感温液柱上端面可露出被测介质表面10mm以内，以便于读取示值。

（16）局浸式温度计。当温度计的感温泡和感温液柱的规定部分浸没在被测介质内，才可以正确显示温度示值的玻璃液体温度计。

（17）露出液柱。温度计在测量过程中，露在被测介质外面的液柱。

（18）线性度。玻璃液体温度计相邻两检定点间的任意有刻度值的一个温度点实际检定得到的示值误差与内插计算得到的示值误差的接近程度。玻璃液体温度计的线性度主要由玻璃温度计毛细管均匀性及刻度等分均匀性综合影响。

第十三章 工业铂、铜热电阻

第一节 工作原理与结构

一、电阻测温的原理

金属材料的电阻会随温度的变化而改变,并呈一定的函数关系,利用这一特性制成温度传感器来进行测温,该温度传感器就称为电阻温度计。

电阻温度计使用金属导体或金属氧化物等半导体作测温介质,利用随温度而变化的电阻作测温量。温度计的电阻值需通过电桥等电测设备显示出来。

二、制造热电阻的材料要求

1. 制造热电阻的丝材

虽然有很多导体的电阻随着温度的变化而变化,但并不是所有的材料都能用来制造测量温度的热电阻。根据实际测量温度的需要,用来制造热电阻的丝材有如下的要求:

(1)较大的电阻温度系数。即温度每变化 1℃时,相应的电阻值变化要尽量大一些,这样容易被测量仪表反映出来。温度系数一般以 α 表示。

(2)大的电阻率。通过大量的实验可知,在一定的温度下,导体的电阻除了和导体的材料有关外,还与导体的长度成正比,与导体的横截面积成反比,他们的关系式为

$$R = \rho \frac{l}{S} \tag{13-1}$$

式中 R ——导体的电阻,Ω;

  l ——导体的长度,m;

  S ——导体的截面积,mm^2;

ρ ——导体的电阻率，$\Omega \cdot \mathrm{mm}^2/\mathrm{m}$。

由式（13-1）可知，当热电阻的电阻值 R 一定时，热电阻丝的电阻率 ρ 越大，则可用较短的热电阻丝制成热电阻，从而使热电阻的体积减小。体积小的热电阻，热容量小，其热响应的时间也小，因此在测量温度时，对温度的变化反应迅速。

（3）电阻与温度关系特性好。热电阻丝的电阻与温度关系特性包括两个方面：①要求在整个温度测量范围内，其电阻与温度关系是一条平滑的曲线（最好是呈线性关系），或只需要用一个方程式，并且不允许 $\alpha = 0$ 或改变符号的情况发生，即电阻与温度的关系是单值函数。②要求同一种材料，每批应符合它的电阻与温度关系特性的要求，也就是同一种材料的复现性或复制性要好。

（4）物理化学性能稳定且容易提纯。在整个温度测量范围内要求其物理化学性能很稳定，不应氧化或与周围介质发生任何其他的作用。因为制造热电阻的丝材非常细，当它的截面稍有缩小时，电阻将明显增大，如此会使所测得的温度偏大，从而带入过大的误差。

（5）测温范围要宽、价格低、膨胀系数与骨架材料有较好的匹配。

2. 制造电阻温度计对骨架的要求

电阻温度计的绝缘骨架是用于缠绕和固定电阻丝的支架。该骨架性能的好坏直接影响电阻温度计的技术性能，故对绝缘骨架有一定要求。

（1）体膨胀系数小。因为热电阻感温元件是将热电阻丝紧密地绕在骨架上，因此要求该骨架在整个测量温度范围内，其膨胀系数等于或接近热电阻丝的膨胀系数，或者在温度变化时，该骨架的膨胀或收缩对热电阻丝的影响很小。否则，骨架在温度变化时的膨胀或收缩将会使热电阻丝产生较大的应力，从而影响热电阻的技术性能。

（2）有足够的机械强度。

（3）本身无腐蚀性，即物理化学性能稳定，不沾污电阻丝。

（4）耐温和绝缘性能好。电阻温度计的绝缘骨架要求在整个温度测量范围内能经得起温度的剧变。它的电气绝缘性能要好，否则在电阻温度计丝之间将可能产生漏电和分流，从而引起电阻值的变化，造成温度测量误差。

（5）比热小，热导率大。

三、常用的热电阻丝材料

制造热电阻的丝材一般为纯金属，如铂、铜、镍、钨、铟等。

1. 铂

用铂丝制成的电阻温度计使用范围广，常用于（−200～850）℃范围，也可用于（13～1000）℃。

在常温下，铂是对各种物质的作用最稳定的金属之一。在氧化介质中，即使在高温下，铂的物理和化学性能也都非常稳定。此外，铂丝提纯工艺的发展也保证了它具有非常好的复现性。另外，铂具有高的熔点温度（约 1772℃）和大的电阻率（$\rho = 0.1\Omega \cdot mm^2/m$），使得它能在很宽的温度范围内使用，且可以把体积做得很小，因此它是被广泛使用的最好的制造热电阻的丝材。

2. 铜

用铜丝制成的温度计称为铜热电阻，价格便宜，而且有较好的互换性。根据铜及其漆包线的物理化学性能，用漆包铜线制成的铜热电阻，通常用于 150℃ 以下和没有腐蚀性的介质中进行温度测量。

四、常用的热电阻骨架材料

1. 云母材料

云母材料分天然和人造两种，天然云母又分白云母和金云母。

云母的膨胀系数比铂丝的膨胀系数小 3 倍，以它作为感温元件骨架的铂热电阻，经过长期的高温使用和多次的冷热循环后，一般均是 R（0℃）值增大，W（100℃）值减小。云母一般不吸水，但它有很强的吸油性能，各种油类会使云母各层间的结合松懈，因此用它作为骨架的感温元件绝对不能直接插入油类介质中。

2. 玻璃材料

由于玻璃封接时,其中丝材所受的应力不可能完全消除,因此用它做骨架的热电阻,经过长期的高温使用和多次的冷热循环后,一般均是 R(0℃)值减小,W(100℃)值增大。正好与云母材料做骨架的热电阻相反。

3. 陶瓷材料

陶瓷的膨胀系数与铂丝的膨胀系数比较接近,且它的高温稳定性能很好(长期允许最高温度为 1100℃以上),在高温下不会分解出对铂丝有害物质而污染铂丝材料,如此可以保证铂热电阻长期在高温下工作的稳定性。

4. 石英材料

石英的膨胀系数与铂丝的膨胀系数较接近,它在高温时稳定性能很好。在一般情况下,铂与石英不发生化学反应,且它有良好的绝缘,所以标准铂电阻温度计基本上都用石英材料做骨架。

5. 有机塑料

在温度要求较低(一般为–50～150℃)时,可选用有机塑料制作骨架,它的资源丰富、价格便宜、便于加工。

第二节 工业铂、铜热电阻检定

工业铂、铜热电阻的检定是根据 JJG 229—2010《工业铂、铜热电阻检定规程》。规程适用于–200～+850℃ 整个或部分温度范围使用的温度系数 α 标称值为 $3.851 \times 10^{-3}℃^{-1}$ 的工业铂热电阻和–200～+850℃ 整个或部分温度范围使用的温度系数 α 标称值为 $4.280 \times 10^{-3}℃^{-1}$ 的工业铜热电阻(以下简称热电阻)的首次检定、后续检定和使用中检验。

工业铂、铜热电阻由装在保护套管内的一个或多个铂、铜热电阻感温元件组成,包括内部连接线,以及用来连接电测仪表的外部端子(不包括测量、显示装置)。可含安装固定用的装置和接线盒,但不含可分离的保护管或安装套管。

W_t^1 是工业热电阻（或感温元件）在温度 t 的电阻值 R_t 与在 0℃ 的电阻值 R_0 之比。其中 W_{100}^1 为标称电阻比值，与电阻温度系数 α 有直接的对应关系，即

$$\alpha = \frac{R_{100} - R_0}{R_0 \cdot 100} \,℃^{-1} = (W_{100}^1 - 1) \times 10^{-2} \,℃^{-1} \qquad (13\text{-}2)$$

一、温度特性

1. 工业铂热电阻（PRT）

工业铂热电阻电阻值与温度之间的函数关系如下：

（−200～0）℃时

$$W_t^1 = R_t/R_0 = 1 + At + Bt^2 + C(t-100)t^3 \qquad (13\text{-}3)$$

$$dW_t^1/dt = A + 2Bt - 300Ct^2 + 4Ct^3 \qquad (13\text{-}4)$$

（0～850）℃时

$$W_t^1 = R_t/R_0 = 1 + At + Bt^2 \qquad (13\text{-}5)$$

$$dW_t^1/dt = A + 2Bt \qquad (13\text{-}6)$$

式中　R_t ——温度为 t 时铂热电阻的电阻值；

　　　t ——温度，℃。

$A = 3.9083 \times 10^{-3}\,℃^{-1}$；

$B = -5.7750 \times 10^{-7}\,℃^{-2}$；

$C = -4.1830 \times 10^{-12}\,℃^{-4}$。

则有 $(dW_t^1/dt)_{t=0} = 0.0039083$；$(dW_t^1/dt)_{t=100} = 0.0037928$

2. 工业铜热电阻（CRT）

工业铜热电阻电阻值与温度之间的函数关系如下：

（−50～150）℃时

$$W_t^1 = R_t/R_0 = 1 + \alpha t + \beta t(t-100) + \gamma t^2(t-100) \qquad (13\text{-}7)$$

$$dW_t^1/dt = (\alpha - 100\beta) + 2(\beta - 100\gamma)t + 3\gamma t^2 \qquad (13\text{-}8)$$

式中　$\alpha = 4.280 \times 10^{-3}\,℃^{-1}$；

　　　$\beta = -9.31 \times 10^{-8}\,℃^{-2}$；

　　　$\gamma = 1.23 \times 10^{-9}\,℃^{-3}$。

则有 $(\mathrm{d}W_t^1/\mathrm{d}t)_{t=0} = 0.0042893$ ；$(\mathrm{d}W_t^1/\mathrm{d}t)_{t=100} = 0.0042830$

二、通用技术要求

1. 外观

（1）热电阻各部分装配正确、可靠、无缺件，外表涂层应牢固，保护管应完整无损，不得有凹痕、划痕和显著锈蚀。

（2）感温元件不得破裂，不得有明显的弯曲现象。

（3）根据测量电路的需要，热电阻可以有二、三或四线制的接线方式，其中 A 级和 AA 级的热电阻必须是三线制或四线制的接线方式。

（4）每支热电阻在其保护管上或在其所附的标签上至少应有下列内容的标识：类型代号、标称电阻值 R_0、有效温度范围、感温元件数、允差等级、制造商名或商标、生产年月。

2. 绝缘电阻

感温元件与外壳，以及各感温元件之间的绝缘电阻均应符合如下规定：

（1）常温绝缘电阻，热电阻处于温度为（15～35）℃、相对湿度为（45%～85%）RH 的环境时，绝缘电阻应不小于 100MΩ。

（2）高温绝缘电阻，热电阻在上限工作温度的绝缘电阻应不小于表 13-1 规定的值。

表 13-1　　　　　　　　　最小绝缘电阻值

最高工作温度（℃）	最小绝缘电阻值（MΩ）
100～250	20
251～450	2
451～650	0.5
651～850	0.2

三、计量性能要求

1. 允差

允差等级是与有效温度范围相对应的。在有效温度范围内，热电阻的电阻值通过分度表查出的温度 t 与真实温度的最大偏差不得超过表 13-2 给定的允差值。表 13-2 适用于任何标称电阻值的热电阻，对于特定的热电阻，若其有效温度范围小于该表规定的范围，应给予说明。

表 13-2   热电阻的允差等级和允差值

热电阻类型	允差等级	有效温度范围（℃）		允差值
		线绕元件	膜式元件	
PRT	AA	−50～+250	0～+250	$\pm(0.100℃+0.0017|t|)$
	A	−100～+450	−30～+300	$\pm(0.150℃+0.002|t|)$
	B	−196～+600	−50～+500	$\pm(0.30℃+0.005|t|)$
	C	−196～+600	−50～+600	$\pm(0.6℃+0.010|t|)$
CRT	—	−50～+150	—	$\pm(0.30℃+0.006|t|)$

注 1. 在 600～850℃ 范围的允差应由制造商在技术条件中确定。
    2. $|t|$ 为温度的绝对值，单位为℃。

若特殊的允差等级与表 13-2 给出的允差等级不同，制造商必须特别加以注明，包括相应的有效温度范围。铂热电阻推荐的特殊允差等级应是 B 级允差值的分数或倍数（如 $\frac{1}{10}$ B 级、$\frac{1}{5}$ B 级、3B 级等）。

2. 稳定性

铂热电阻在经历最高工作温度 672h 后，其 R_0 值的变化换算成温度后不得大于表 13-2 规定的 0℃ 允差的绝对值。

四、检定条件

1. 主标准器

工业铂、铜热电阻检定时标准器是二等标准铂电阻温度计，测量范围依据被检工业铂、铜热电阻的温度范围选择。

标准铂电阻温度计是 ITS-90 规定的测温仪器，用于平衡氢三相点（13.8033K）至银凝固点（961.78℃）温区温标的复现。

温度值 T_{90} 是由该温度时标准铂电阻温度计的电阻 $R(T_{90})$ 与水三相点时的电阻 $R(273.16K)$ 之比求得的。比值 $W(T_{90})$ 定义为

$$W(T_{90}) = R(T_{90})/R(273.16K) \tag{13-9}$$

一支合适的铂电阻温度计必须由无应力的纯铂丝制成，并且至少应满足下列两个关系式之一：

$$W(29.7646℃) \geqslant 1.11807 \tag{13-10}$$

$$W(-38.8344℃) \leqslant 0.844235 \tag{13-11}$$

一支能用于银凝固点的铂电阻温度计，还必须满足下列要求：

$$W(961.78℃) \leqslant 4.2844 \tag{13-12}$$

标准铂电阻温度计使用"冷拔"铂丝，常用双绕法制成感温元件，绕成电阻圈后要进行退火。标准铂电阻温度计的感温元件都有4 根引线。

电厂计量室配备的标准铂电阻温度计一般工作在（0～419.527）℃温区。在水三相点温度下的电阻值约为 25Ω。其感温元件装在直径约 7mm 的石英管中，管中充以干燥的惰性气体。

2. 电测仪器

工业铂、铜热电阻检定所用电测仪器可用电桥或可测量电阻的数字多用表，用于测量标准铂电阻和被检热电阻的阻值。检定 A 级及以上用 0.005 级及以上等级的电测仪器，检定 B 级及以下用 0.02 级及以上等级的电测仪器。

数字多用表的最大允许误差（MPE）一般表示为

$$最大允许误差 = \pm(a\%示数 + b\%量程) \tag{13-13}$$

其中 $a\%$ 示数是 A/D 转换器和功能转换器的综合误差，$b\%$ 量程是由于数字化处理带来的误差。对于同一块数字多用表来说，a 值与所选择的测量项目、量程有关，b 值则基本是固定的。通常要求 $b \leqslant a/2$。因此，同一台数字多用表在不同测量项目、不同量程时相应的准确度是不一样的。常用数字多用表的最大允许误差见表 13-3。

表 13-3　　　　　　　常用数字多用表的最大允许误差

等级	常用型号	测量范围（Ω）	激励电流（mA）	最大允差（Ω）
0.005 级	KEITHLEY 2010	0～100	1	±（0.0052%示数+0.0009%量程）
		0～1k	1	±（0.005%示数+0.0002%量程）
0.01 级	KEITHLEY 2000	0～100	1	±（0.01%示数+0.004%量程）
		0～1k	1	±（0.01%示数+0.001%量程）
	HY-2003A	0～220	1	±（0.01%示数+0.001%量程）

3. 恒温槽

恒温槽是用于（-100～300）℃范围温度标准配套设备，根据介质和温度范围的不同分为制冷恒温槽、恒温水槽和恒温油槽等。

恒温槽的导热介质又称热载体，其主要功能是在搅拌作用下进行热传导，将热量均匀扩散。导热介质使用的温度一般在闪点（或沸点）到凝固点范围内，目前使用比较普遍的导热介质主要有二甲基硅油、基础油、食用油、水、酒精等。

规程对恒温槽的技术要求是：恒温时，水平温场最大温差 ≤0.01℃，垂直温场最大温差≤0.02℃，10min 温度变化不大于 0.04℃。

4. 绝缘电阻表

用于测量工业铂、铜热电阻的绝缘电阻，要求直流电压为（10～100）V，10 级。

5. 水三相点瓶及其保存容器

如需检定 A 级及以上工业铂热电阻，需要配备水三相点瓶及其保存容器。用途为：①检定 A 级及以上工业铂热电阻时，标准铂电阻温度计在水三相点处的阻值 R_{tp} 需要重测，因为用同一台电测仪器测量标准铂电阻温度计的在水三相点瓶、冰点槽内和约 100℃恒温

槽内的阻值 R_{tp}、R_i^*、R_h^* 可以显著的减小测量不确定度。②检定 AA 级及以上工业铂热电阻时，如果 R_0 值是通过在水三相点瓶中测量后换算得到，也可以减小测量不确定度。

6. 环境条件

（1）环境温度：（15～35）℃。电测设备应符合相应的环境要求。例如电测仪器使用 KEITHLEY2010，则需要满足其（23±5）℃ 的运行要求。

（2）相对湿度：（30%～80%）RH。

五、检定项目

检定项目见表 13-4。

表 13-4　　　　　检 定 项 目

检定项目		首次检定	后续检定	使用中检验
外观检查		+	+	+
绝缘电阻	常温	+	+	+
	高温	*	-	-
稳定性		*	-	-
允差	0℃点	+	+	+
	允差等级规定的上限（或下限）温度或 100℃点（应首选 100℃）	+	+	-

注　1. 表中"+"表示应检定，"-"表示可不检定，"*"表示当用户要求时应进行检定。

　　2. 在 R_0 和 R_{100} 合格、而电阻温度系数 α 不符合要求时，应进行允差等级规定的上限温度的检定。

电厂计量人员仅涉及后续检定和使用中检验的检定项目。

六、检定方法

1. 外观检查

按通用技术要求中的外观要求目力检查热电阻和感温元件的保护套管外部，应无肉眼可见的损伤。同时检查每支热电阻的标识、检定标记等，确定热电阻是否符合管理性的要求。

2. 绝缘电阻的测量

热电阻的常温绝缘电阻应用直流 100V 的绝缘电阻表（兆欧表）测量。在温度为（15～35）℃、相对湿度为 45%～85% 的环境下，把热电阻的各接线端短路，并接至直流 100V 的绝缘电阻表的一个接线端，绝缘电阻表的另一接线端与热电阻的保护管连接，测量感温元件与保护管之间的绝缘电阻；有两个感温元件的热电阻，还应将两热电阻的各接线端分别短路，并接到直流 100V 的绝缘电阻表的两个接线端，测量感温元件之间的绝缘电阻。感温元件与外壳，各感温元件之间的常温绝缘电阻应不小于 100MΩ。

高温绝缘电阻的测量方法与上述相同，所用的直流电压应不超过 10V，热电阻应在最高工作温度保持 2h 后进行绝缘电阻的测量。高温绝缘电阻应不小于表 13-1 规定的数值。

注：若热电阻的保护套管由绝缘材料制成，不需检查保护管与感温元件之间的绝缘电阻。

3. 稳定性试验

先在冰点槽中测量热电阻 0℃的电阻值 R_0，然后将热电阻在最高工作温度保持 672h。此后再次测量 0℃的电阻值，热电阻 R_0 的变化应不超过表 13-2 规定的 0℃允差的要求。

4. 允差的检定

各等级热电阻的检定点均应选择 0℃和 100℃，并检查 α 的符合性。当 $\Delta\alpha$ 不符合要求时，仍需进行上限（或下限）温度的检定（首选上限）。

注：上述上、下限温度指的是表 13-2 中相应允差等级有效温度范围的上、下限温度。即制造商注明的有效温度范围大于表中规定的上、下限温度，按照表 13-2 给出的相应允差等级有效温度范围的上、下限温度选择；制造商注明的有效温度范围小于表中规定的上、下限温度，按制造商注明的选择。

大致流程如图 13-1 所示。

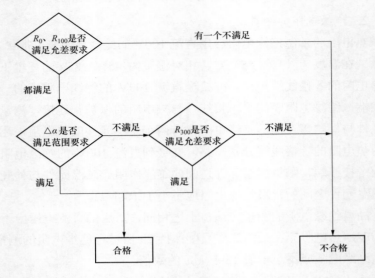

图 13-1　允差检定流程

5. 热电阻阻值的测量方法

热电阻（包括感温元件）和标准铂电阻的电阻值测量均应采用四线制的测量方法。感温元件的电阻值应从其连接点起计算，热电阻的电阻值应从整支热电阻的接线端子起计算。

在测量二线制的热电阻时，也应接成四线制进行。应考虑从感温元件连接点到热电阻端子间内引线的电阻值，若制造商提供引线的电阻值，则测量结果应扣除引线电阻值。否则，引线电阻应包括在感温元件内。

在测量三线制的热电阻时，为消除引线电阻 r 的影响，可分别按图 13-2（c）和图 13-2（d）的接线方法测量，得到 R_a 和 R_b。由于 $R_a = R_t + r$，$R_b = R_t + 2r$，则三线制热电阻的电阻值为 $R_t = 2R_a - R_b$。

为削弱热电动势的影响，在使用数字多用表测量电阻时应采取电流换向的措施，取平均值。考虑到恒温槽温度随时间变化的因素，应在尽可能短的时间内采用交替测量标准铂电阻和热电阻的办法，交替重复不少于 4 次（包括电流换向），分别取平均值作为测量结果。

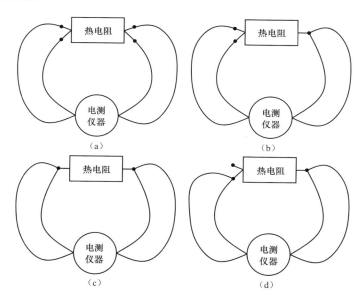

图 13-2　热电阻的接线方法

6. R_0 的检定

在冰点槽（或具有 0℃的恒温槽，偏差不超过±0.2℃）中测量热电阻的电阻值，并与标准器测量冰点槽的温度进行比较，计算其 0℃的偏差值 Δt_0。

对保护管可拆卸的热电阻，为缩短热平衡时间，可将感温元件连同引出线一并从内衬管和保护管中取出，放置在内径略大于感温元件直径的玻璃试管中。管口用脱脂棉塞紧，插入冰点槽，被一层不小于 30mm 的冰水混合物所包围，在测量前必须将冰水混合物压紧以消除气泡，测量中也要始终维持该状态。保护管不可拆卸的热电阻，检定时必须要有足够的热平衡时间，待测量数据稳定后方可读数。

如果使用 0℃的制冷恒温槽，热电阻应有足够的插入深度，尽可能减少热损失。

电厂所使用的热电阻往往精度等级和外观型式均一致。可选取1～2支进行插深实验：取一只典型的温度计和标准铂电阻温度计同时插入到制冷恒温槽某一深度（如 20cm），热平衡后检定一下该支电阻在设定点 t 的电阻值 R_t，然后将标准铂电阻和被检电阻同时插深 1cm，热平衡后再次检定一下该支电阻的 R_t，如果两次 R_t 之差小于该等级电阻在这该温度下允差的 5%，则这一深度是足够的；否则需要继续插深 1cm，直到相邻 1cm 的两个 R_t 之差小于该等级电阻在该温度下允差的 5%为止。不同精度等级或外观形式有很大不同的电阻，需要重新做试验。如制造商另有规定，则按制造商规定的插入深度进行检定。

7. R_0 的计算

（1）冰点槽偏离 0℃的值 Δt_i^* 由标准铂电阻温度计测量得到。

其值按公式（13-14）计算，即

$$\Delta t_i^* = \left(\frac{R_i^*}{R_{tp}^*} - W_0^S \right) \Big/ (\mathrm{d}W_t^S/\mathrm{d}t)_{t=0}$$

$$W_i^S = \frac{R_i^*}{R_{tp}^*} \qquad (13\text{-}14)$$

式中　R_i^*、R_{tp}^* ——标准铂电阻在冰点槽和水三相点测得的电阻值，Ω；

W_0^S、$(\mathrm{d}W_t^S/\mathrm{d}t)_{t=0}$ ——标准铂电阻 0℃时的电阻比值和电阻比值对温度的变化率。

注：检定 AA 级热电阻时，R_{tp}^* 的电阻值必须在三相点瓶中用电测仪器重新测量，有利于改善测量不确定度（检定 A 级热电阻时如果使用 0.02 级的测量仪器，必须重测 R_{tp}^* 才能满足测量不确定度的要求）。检定其他等级的热电阻时如果对该电阻值没有异议，可直接从标准铂电阻的检定证书中获得。

检定 AA 级以上的热电阻，为减小测量不确定度，建议在水三相点瓶中测量，通过计算得到 R_0 值，即

$$R_0 = R_{tp} - 0.01℃ * (dR/dt)_{t=0} \quad (13-15)$$

（2）测量被检热电阻在冰点槽的电阻值 R_i，计算热电阻的 R_0'。

R_0' 由式（13-16）计算得到，即

$$R_0' = R_i - \Delta t_i^* * (dR/dt)_{t=0} \quad (13-16)$$

式中　　R_i ——被检电阻在冰点槽或约 0℃ 的恒温槽测得的电阻值，Ω；

$(dR/dt)_{t=0}$ ——被检热电阻在 0℃ 时，电阻值对温度的变化率，$\Omega/℃$。

其中：Pt100 的 $(dR/dt)_{t=0} = 0.39083\Omega/℃$；

Cu100 的 $(dR/dt)_{t=0} = 0.42893\Omega/℃$。

R_0' 的计算结果修约到 1mΩ；AA 级以上修约到 0.1mΩ。

（3）计算被检热电阻 0℃ 的温度偏差 Δt_0。

R_0' 值对应的温度与 0℃ 的差值 Δt_0 可按公式（13-17）计算，其值应符合相应允差等级的要求，即

$$\Delta t_0 = \frac{R_0' - R_0}{(dR/dt)_{t=0}} \quad (13-17)$$

式（13-17）也可以表示为

$$\Delta t_0 = \frac{R_i - R_0}{(dR/dt)_{t=0}} - \Delta t_i^* = \Delta t_i - \Delta t_i^* \quad (13-18)$$

式中　　Δt_i ——由被检热电阻在冰点槽或 0℃ 恒温槽中测得的偏离 0℃ 的差，℃；

Δt_i^* ——标准铂电阻温度计在冰点槽或 0℃ 恒温槽中测得的偏离 100℃ 的差，℃。

8. R_{100} 和 R_t 的检定

在 100℃ 的恒温槽中测量热电阻的电阻值，并与标准器测量的温度进行比较，计算其 100℃ 的偏差值 Δt_{100} 其他温度点的检定也是如此。

可拆卸热电阻的检定与 R_0 检定一样，可将感温元件放置在玻璃试管中，检定温度高于 400℃ 时应放置在石英试管中。

热电阻检定时在恒温槽中也要有足够的插入深度，尽可能减少热损失。插入深度的测试方法与前述 0℃ 恒温槽的测试方法相同，

不宜直接使用 0℃ 恒温槽的插入深度。

若温度 t 高于 500℃，则不应把热电阻快速地从槽中移到室温的空气中，而应以小于 1℃/min 的速率随槽冷却至 500℃，然后再从恒温槽中取出。

恒温槽的温度应控制在检定点附近，不应超过 ±2℃，同时要求 10min 之内变化不超过 0.04℃。

9. R_{100} 的计算（方法步骤）

（1）恒温槽偏离 100℃ 的温度由标准铂电阻温度计测量得到，即

$$\Delta t_h^* = \left(\frac{R_h^*}{R_{tp}^*} - W_{100}^S \right) \Big/ (dW_t^S / dt)_{t=100}$$

$$W_h^S = \frac{R_h^*}{R_{tp}^*} \tag{13-19}$$

式中 R_h^* ——标准铂电阻在约 100℃ 的恒温槽中测得的
                        电阻值，Ω；

W_{100}^S、$(dW_t^S / dt)_{t=100}$ ——标准铂电阻 100℃ 时的电阻比值和电阻比
                        值对温度的变化率。

（2）测量被检热电阻在 100℃ 恒温槽中的电阻值 R_h，计算热电阻的 R_{100}'。

热电阻的 R_{100}' 由式（13-20）计算得到，即

$$R_{100}' = R_h - \Delta t_h^* * (dR / dt)_{t=100} \tag{13-20}$$

式中 R_h ——被检电阻在约 100℃ 的恒温槽测得的电阻值，Ω；

$(dR / dt)_{t=100}$ ——被检热电阻在 100℃ 时，电阻值对温度的变化率，
                        Ω/℃。

其中：Pt100 的 $(dR / dt)_{t=100} = 0.37928 \Omega / ℃$；

Cu100 的 $(dR / dt)_{t=100} = 0.42830 \Omega / ℃$。

R_{100}' 的计算结果修约到 1mΩ；AA 级以上修约到 0.1mΩ。

（3）计算被检电阻 100℃ 的温度偏差 Δt_{100}。计算 R_{100}' 与 100℃ 标称值 R_{100} 的差，并按式（13-21）换算成温度值 Δt_{100}，应符合相应允差等级的要求，即

$$\Delta t_{100} = \frac{R'_{100} - R_{100}}{(dR/dt)_{t=100}} \tag{13-21}$$

式（13-21）也可以表示为

$$\Delta t_{100} = \frac{R_h - R_{100}}{(dR/dt)_{t=100}} - \Delta t_h^* = \Delta t_h - \Delta t_h^* \tag{13-22}$$

式中　Δt_h——由被检热电阻在100℃恒温槽中测得的偏离100℃的
　　　　　差，℃；

　　　Δt_h^*——标准铂电阻温度计在100℃恒温槽中测得的偏离100℃
　　　　　的差，℃。

七、R_0 和 R_{100} 电阻值的合格判断

电阻值的允差可以换算成相应的电阻值表示。表 13-5 列出了
Pt100 和 Cu100 符合允差要求的 R_0 和 R_{100} 范围。因此，0℃和100℃
允差检定的合格判断也可以直接用 R'_0 和 R'_{100} 值，通过查表 13-5 来判
断电阻值是否在允差范围内。

表 13-5　Pt100 和 Cu100 符合允差要求的 R_0 和 R_{100} 范围

项目		Pt100				Cu100
		AA	A	B	C	
R_0	标称值（Ω）	100.0000	100.000	100.000	100.000	100.000
	允差范围	±0.0391Ω ±0.100℃	±0.059Ω ±0.150℃	±0.117Ω ±0.30℃	±0.234Ω ±0.6℃	±0.129Ω ±0.30℃
R_{100}	标称值（Ω）	138.506	138.506	138.506	138.506	142.800
	允差范围（℃）	±0.1024Ω ±0.270℃	±0.133Ω ±0.350℃	±0.303Ω ±0.80℃	±0.607Ω ±1.6℃	±0.385Ω ±0.9℃

注　1. 标称电阻值不为100Ω的其他热电阻（和感温元件），符合允差要求的 R_0 和
　　　　R_{100} 范围只要将上述表格中的数值乘以 $\dfrac{R_0}{100\Omega}$ 即可。

　　2. 上述的合格判断方法可以作为受检热电阻是否合格的一种判据。

　　3. 制造商出厂合格的判据和用户拒收的不合格判据，依据 IEC 60751（2008）
　　　　标准的要求必须考虑测量不确定度的因素，即制造商出厂检验的测量结果
　　　　迭加扩展不确定度后均落在允差带里面方可认定为合格；用户验收的测量
　　　　结果迭加扩展不确定度后全部落在允差带外面方可认定为不合格。

八、实际电阻温度系数 α 的要求

在 R_0' 和 R_{100}'。符合允差要求的条件下，还应检查 α 的符合性。被检热电阻的实际电阻温度系数 α 可以用 R_0' 和 R_{100}' 值按 α 的定义式计算获得。当 α 偏离标称值的大小（即 $\Delta\alpha$）符合表 13-6 的要求时，该热电阻的允差检定项目合格。否则还应进行上限（或下限）温度的检定才能最终得出允差检定项目是否合格的结论。

对于 B 级、C 级的薄膜铂热电阻，上限温度大于 300℃时，应有制造商型式试验合格的信息。否则，应进行上限温度的检定。

表 13-6 所示为各允差等级热电阻的 $\Delta\alpha$ 允许范围，该范围与热电阻在 0℃ 的偏差 Δt_0 有关。

表 13-6　　　　　　　$\Delta\alpha$ 的允许范围（与 Δt_0 有关）

热电阻类型	α 标称值（℃）	等级（上限温度）	Δt_0（℃）	$\Delta\alpha$（10^{-6}℃）
铂热电阻	0.003851	AA（250℃）	+0.10	−10.0～4.0
			0.00	−7.0～7.0
			−0.10	−4.0～10.0
			上限	$(-7.0-30\Delta t_0)\times10^{-6}℃^{-1}\leqslant\Delta\alpha\leqslant(7.0-30\Delta t_0)\times10^{-6}℃^{-1}$ 上限温度为 150℃（薄膜铂热电阻），应取：$(-8.5-40\Delta t_0)\times10^{-6}℃^{-1}\leqslant\Delta\alpha\leqslant(8.5-40\Delta t_0)\times10^{-6}℃^{-1}$
		A（450℃）	+0.15	−10.4～3.6
			0.00	−7.0～7.0
			−0.15	−3.6～10.4
				$(-7.0-23\Delta t_0)\times10^{-6}℃^{-1}\leqslant\Delta\alpha\leqslant(7.0-23\Delta t_0)\times10^{-6}℃^{-1}$
		B（600℃）	+0.30	−20～8
			0.00	−14～14
			−0.30	−8～20
				$(-14-21\Delta t_0)\times10^{-6}℃^{-1}\leqslant\Delta\alpha\leqslant(14-21\Delta t_0)\times10^{-6}℃^{-1}$

续表

热电阻类型	α 标称值（℃）	等级（上限温度）	Δt_0（℃）	$\Delta \alpha$（10^{-6}℃）
铂热电阻	0.003851	C（600℃）	+0.60	$-45 \sim 19$
			0.00	$-32 \sim 32$
			-0.60	$-19 \sim 45$
			$(-32-21\Delta t_0) \times 10^{-6}$℃$^{-1} \leqslant \Delta \alpha \leqslant (32-21\Delta t_0) \times 10^{-6}$℃$^{-1}$	
铜热电阻	0.004280	（150℃）	+0.30	$-48 \sim 20$
			0.00	$-34 \sim 34$
			-0.30	$-20 \sim 48$
			$(-34-47\Delta t_0) \times 10^{-6}$℃$^{-1} \leqslant \Delta \alpha \leqslant (34-47\Delta t_0) \times 10^{-6}$℃$^{-1}$	

注　R_0' 对应的 Δt_0 在允差范围内时，$\Delta \alpha$ 的取值可以按表中的范围函数计算得到，其中 AA 级和 A 级修约至 10^{-7}，B 级、C 级和铜热电阻修约至 10^{-6}。

第十四章 工作用热电偶

第一节 工作原理与结构

一、热电效应

如图 14-1 所示，在由两种导体（或半导体）A、B 组成的闭合回路中，如果对接点 1 加热，使得接点 1、2 的温度不同，那么回路中就会有电流产生，这一现象称为温差电效应或塞贝克效应。相应的电动势称为温差电势或塞贝克电势，回路中产生的电流称为热电流。导体（或半导体）A、B 称为热电极。实验证明：当热电极材料一定后，热电动势仅与两接点的温度有关。一般称这种由一对不同材料导线构成的、基于塞贝克效应测温的测量元件为热电偶。测温时，一般将接点 1 用焊接的方法连在一起，并置于被测温场中，称为测量端（或工作端、热端和感温端）。接点 2 则恒定在某一温度，称为参考端（或自由端、冷端）。

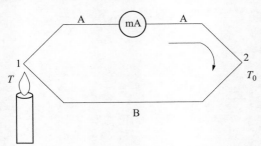

图 14-1 塞贝克效应示意图

1—测量端；2—参考端

当两接点温度分别为 T、T_0 时，回路的热电动势为

$$E_{AB}(T,T_0) = \int_{T_0}^{T} \alpha_{AB} dT = e_{AB}(T) - e_{AB}(T_0) \qquad (14\text{-}1)$$

式中 α_{AB}——塞贝克系数或热电动势率，其值随热电极材料
和两接点的温度而定；

$e_{AB}(T)$、$e_{AB}(T_0)$——接点的分热电动势或分塞贝克电势；

T、T_0——两接点所处的温度；

A、B——两种热电极材料代号。

角标 A、B 按正电极写在前，负电极写在后的顺序排列。当 $T > T_0$ 时，$e_{AB}(T)$ 与总热电动势（或热电流）的方向一致，$e_{AB}(T_0)$ 与总热电动势的方向相反；当 $T_0 > T$ 时，$e_{AB}(T_0)$ 与总热电动势的方向一致，$e_{AB}(T)$ 与总热电动势的方向相反。热电偶回路的总热电动势为上述这两接点分热电动势之差。即热电偶回路的总热电动势仅与热电极材料和两接点的温度有关。

对于已定的热电偶，当其参考端温度 T_0 恒定时，$e_{AB}(T_0)$ 为一常数，则热电动势 $E_{AB}(T,T_0)$ 仅是测量端温度 T 的函数，即

$$E_{AB}(T,T_0) = e_{AB}(T) + 常数 \tag{14-2}$$

当 T_0 恒定时，热电偶所产生的热电动势仅随测量端温度而变化，一定的热电动势对应着一定的测量端温度，因此，可以通过测量热电偶所产生的热电动势来确定所测量的温度。

1. 珀尔帖电势和珀尔帖效应

热电偶测温基于热电转化的原理。进一步分析可以发现，热电偶产生的热电动势（塞贝克电势）是由珀尔帖电势和汤姆逊电势组成的。

如图 14-2 所示，不同导体（或半导体，下同）自由电子的密度是不同的。当两种导体连接在一起时，其接触处就会发生电子的扩散，自由电子从密度高的导体流向密度低的导体，电子扩散的速率与自由电子的密度和导体所处的温度成比例。设导体 A、B 的自由电子的密度分别为 n_A、n_B，且 $n_A > n_B$，那么在单位时间内，由导体 A 扩散到导体 B 的电子数要比导体 B 扩散到导体 A 的电子数多。这时，导体 A 因失去电子而带正电，导体 B 因得到电子而带负电。于是在接触处便形成了电位差，即电动势。这个电动势将阻碍电子

由导体 A 向导体 B 做进一步扩散。当
电子扩散的能力与上述电场的阻力平
衡时，接触处的自由电子扩散就达到
了动平衡。这种由于两种导体自由电
子密度不同，而在接触处形成的热电
动势称为珀尔帖电势，表示为 π_{AB}。

根据电子理论，π_{AB} 可以用下列公
式表示，即

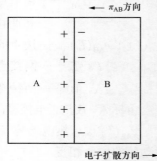

$$\pi_{AB}(T) = \frac{kT}{e}\ln\frac{n_A}{n_B} \qquad (14\text{-}3)$$

图 14-2　珀尔帖电势

式中　k——玻尔兹曼常数，1.38×10^{-23}J/K；

　　　T——接触处的热力学温度，K；

　　　e——电子电荷量，等于 1.602×10^{-19}C；

n_A、n_B——导体 A、B 的自由电子密度。

如图 14-3（a）所示，如果在两导体接触处的两边接上一个电
池 E_w，并使电流 I 的方向与珀尔帖电势 π_{AB} 方向相反，则由克希荷
夫第二定律可得

$$E_w = IR + \pi_{AB} \qquad (14\text{-}4)$$

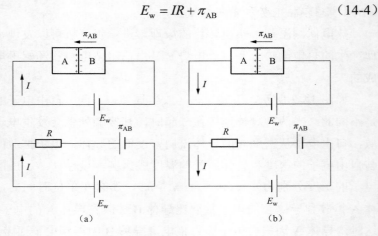

图 14-3　珀尔帖效应

两边都乘以电流 I，得

$$IE_{w} = I^2R + I\pi_{AB} \qquad (14\text{-}5)$$

可见，当电流 I 的方向与 π_{AB} 方向相反时，电源 E_{w} 外所做的功一部分消耗在导体上，变为焦耳热 I^2R 向外界释放；另一部分是为抵抗接触处的珀尔帖电势 π_{AB}。而做的功 $I\pi_{AB}$ 也转化为热能，由 A、B 的接触处向外界放热。

如图 14-3（b）所示，若将电源反接，使电流 I 的方向与珀尔帖电势 π_{AB} 相同，则有

$$IE_{w} + I\pi_{AB} = I^2R \qquad (14\text{-}6)$$

这时，珀尔帖电势 π_{AB} 与电源一起对导体做功，于是接触处就出现吸热的现象。这种当电流通过两导体的接触处时产生的吸热（或放热）现象，称为珀尔帖效应。

在珀尔帖电势的形成过程中，由于在接触处总伴随着电荷的迁移，而一定有电流通过接触处，且其方向总与珀尔帖电势 π_{AB} 方向一致，因而这时两导体的接触处将从外界吸热。

珀尔帖电势 π_{AB} 就是由接触处自外界吸收的珀尔帖热转化来的，因此，珀尔帖电势是一种热电动势。

对于导体 A、B 组成的闭合回路（见图 14-4），两接点的温度分别为 T、T_0，相应的珀尔帖电势分别为

$$\pi_{AB}(T) = \frac{kT}{e}\ln\frac{n_A}{n_B} \qquad (14\text{-}7)$$

$$\pi_{AB}(T_0) = \frac{kT_0}{e}\ln\frac{n_A}{n_B} \qquad (14\text{-}8)$$

$\pi_{AB}(T)$ 与 $\pi_{AB}(T_0)$ 方向相反，所以回路的总珀尔帖电势为

$$\pi_{AB}(T) - \pi_{AB}(T_0) = \frac{kT}{e}\ln\frac{n_A}{n_B} - \frac{kT_0}{e}\ln\frac{n_A}{n_B} = \frac{k}{e}(T - T_0)\ln\frac{n_A}{n_B} \qquad (14\text{-}9)$$

式（14-9）表明，热电偶回路的珀尔帖电势只与材料 A、B 的性质和两接点的温度有关。如果两接点温度相同，即 $T = T_0$，那么尽管两接点处都存在珀尔帖电势，但回路的总珀尔帖电势却等于零。

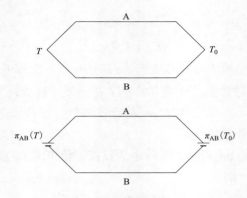

图 14-4　热电偶回路的珀尔帖电势

2. 汤姆逊电势和汤姆逊效应

在一根均质的导体上，如果存在温度梯度，那么也会产生电动势，称为汤姆逊电势如图 14-5 所示。汤姆逊电势的形成是因为在导体内，高温处比低温处自由电子扩散的速率大，因此，对于导体的某一个截面元来讲，温度较高处因失去电子而带正电，温度较低处因得到电子而带负电，从而形成了电位差。如图 14-5 所示，当均质导体两端的温度分别为 T、T_0 时，汤姆逊电势为

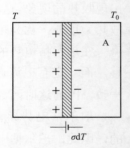

图 14-5　汤姆逊电势

$$E_A = \int_{T_0}^{T} \sigma \mathrm{d}T \qquad (14\text{-}10)$$

式中　σ——汤姆逊系数，温差为 1℃时所产生的电势值。

汤姆逊系数可称为电比热，相应的汤姆逊电势，则称为电储热。σ 的大小与材料性质和均质导体两端的平均温度有关。通常规定：当电流方向与导体温度降低的方向一致时为吸热，汤姆逊系数取正值；当电流方向与导体温度升高的方向一致时为放热，汤姆逊系数取负值。

当电流沿汤姆逊电势的方向通过具有温度梯度的导体时，导体

会产生吸热现象，当电流反向流过导体时，则导体会向外放热，这种现象就称为汤姆逊效应。

因此，汤姆逊效应产生了汤姆逊电势，而且汤姆逊电势也是一种热电动势，即

$$E_{AB} = \int_{T_0}^{T} (\sigma_A - \sigma_B)\,dT \qquad (14\text{-}11)$$

式（14-11）表明，热电偶回路的汤姆逊电势只与均质热电极 A、B 的材料和两接点的温度 T、T_0 有关，而与热电极的几何尺寸和沿热电极的温度分布无关。如果两接点温度相同，那么回路中汤姆逊电势就等于零（见图 14-6 和图 14-7）。

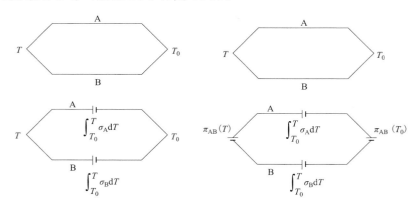

图 14-6　热电偶回路的汤姆逊电势　　图 14-7　热电偶回路的热电势

综上所述，对于均质导体 A、B 组成的热电偶回路，接点温度 $T > T_0$ 时，产生的热电动势为

$$E_{AB}(T, T_0) = \pi_{AB}(T) - \pi_{AB}(T_0) + \int_{T_0}^{T} (\sigma_A - \sigma_B)\,dT \qquad (14\text{-}12)$$

式（14-12）表明，如果热电偶的两热电极 A、B 材料相同，那么两接点处的珀尔帖电势都等于零，而两热电极的汤姆逊电势大小相等，方向相反，因此这时回路中的总热电动势等于零。如果热电偶两接点温度相同，即 $T = T_0$，那么两热电极的汤姆逊电势等于零，而两接点处的珀尔帖电势大小相等，方向相反，因此这时回路中的

总热电动势仍然等于零。由此可见，热电偶产生非零热电动势必须具备以下两个条件：

（1）热电偶必须用两种不同材料的热电极构成。

（2）热电偶的两接点必须具有不同的温度。

若组成热电偶的材料一定，那么热电动势的大小仅是两接点温度 T、T_0 的函数。对于由热电极 A、B 所组成的热电偶回路，当两接点温度分别为 T、T_0 时，整个电热偶回路的热电动势即塞贝克电势 $E_{AB}(T, T_0)$ 等于两玻儿帖分电势与两汤姆逊分电势的代数和，而各接点的分热电动势便等于相应的玻儿帖电势和汤姆逊电势（即电储热）的代数和，即

$$e_{AB}(T) = \pi_{AB}(T) - \pi_{AB}(T_0) + \int_0^T (\sigma_A - \sigma_B) \mathrm{d}T \qquad （14-13）$$

$$e_{AB}(T_0) = \pi_{AB}(T_0) + \int_0^{T_0} (\sigma_A - \sigma_B) \mathrm{d}T \qquad （14-14）$$

由上述分析，可以得出以下结论：

从理论上讲，任何两种不同的导体（或半导体）都可以配对成热电偶。热电偶能用来测量温度，是基于热电现象。任何两种均质导体（或半导体）组成的热电偶，其热电动势的大小仅与热电极的材料和两接点的温度 T、T_0 有关，而与热电偶的形状及几何尺寸无关。

热电偶参考端的温度恒定时，其热电动势仅是测量端温度的函数。参考端温度不同，则热电动势与测量端温度的对应关系也不同。目前在国际通用热电偶分度表中，其参考端温度都规定为 0℃。

本章中，将热电偶参考端为 0℃，测量端温度为 t 时的热电动势简称为热电偶在温度 t 时的热电动势。

二、基本定律及应用

在实际测温中，利用热电偶测量温度时，必须在热电偶回路中引入连接导线和测量显示仪表。为了进一步掌握热电偶的测温特性，有必要了解下列四个与热电偶相关的基本定律。

1. 均质导体定律

由一种均质导体（或半导体）组成的闭合回路，不论导体（或

半导体）的截面和长度如何以及各处的温度分布如何，都不能产生非零热电动势。

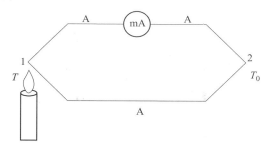

图 14-8 均质导体回路

如图 14-8 所示，在均质导体所组成的闭合回路中，可以看到：接点 1、2 都是同一均质导体 A，因此不可能产生珀尔帖电势；导体 A 因为处于有温度梯度的温场中（$T>T_0$），能产生汤姆逊电势，但回路上半部和下半部的汤姆逊电势大小相等而方向相反，因此整个回路总的汤姆逊电势等于零。

均质导体定律证明：如果热电偶的两热电极是由两种均质导体组成的，那么热电偶的热电动势仅与两接点的温度有关，而与两热电极的温度分布无关。如果热电偶的热电极为非均质导体，那么它们在不同的温场将产生不同的热电动势值。这时，如果仅根据热电动势来判断热电偶测量端温度的高低，就会带来误差，所以，热电极材料的均匀性是衡量热电偶质量的主要指标之一。

均质导体定律在应用方面可归纳为以下两点：

（1）用一种均质导体所构成的回路不能产生非零热电动势。热电偶必须由两种不同的热电极所构成。

（2）当由一种热电极组成的闭合回路存在温差时，若有热电动势输出，便说明该热电极是不均匀的。由此，可以检查热电极的不均匀性。

2. 中间导体（中间金属）定律

用热电偶测温时，在测量回路里需要引入显示仪表和连接导线等，而这些导线和热电极材料往往是不同的。中间导体定律表明：在热电偶回路中，只要中间导体两端温度相同，那么接入中间导体后，对热电偶回路的总热电动势没有影响。

用中间导体 C 接入热电偶回路，有如图 14-9 所示的两种形式。讨论图 14-9（a）的情况，热电偶回路的热电动势等于各接点热电动势的代数和，即

$$E_{ABC}(T, T_0) = e_{AB}(T) + e_{BC}(T_0) + e_{CA}(T_0) \tag{14-15}$$

当 $T = T_0$ 时，有

$$E_{ABC}(T_0) = e_{AB}(T_0) + e_{BC}(T_0) + e_{CA}(T_0) = 0 \tag{14-16}$$

即

$$e_{BC}(T_0) + e_{CA}(T_0) = -e_{AB}(T_0) \tag{14-17}$$

将式（14-16）代入式（14-15），则有

$$E_{ABC}(T, T_0) = e_{AB}(T) - e_{AB}(T_0) \tag{14-18}$$

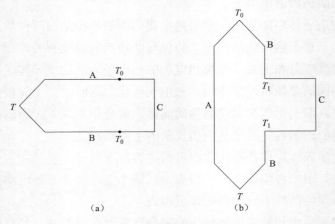

图 14-9　有中间导体的热电偶回路

由式（14-17）可以看出：当中间导体两端温度相同时，将不影响总热电动势。这一结论可用下述方法来证明。回路的总热电动势为

$$E_{ABC}(T,T_0) = \pi_{AB}(T) + \pi_{BC}(T_0) + \pi_{CA}(T_0) + \int_{T_0}^{T}\sigma_A dT - \int_{T_0}^{T}\sigma_B dT + \int_{T_0}^{T_0}\sigma_C dT$$

（14-19）

其中

$$\pi_{BC}(T_0) + \pi_{CA}(T_0) = \frac{kT_0}{e}\ln\frac{n_B}{n_C}\frac{n_C}{n_A} = \frac{kT_0}{e}\ln\frac{n_B}{n_A} = \pi_{BA}(T_0) = -\pi_{AB}(T_0)$$

（14-20）

$$\int_{T_0}^{T_0}\sigma_C dT = 0$$

（14-21）

则有

$$E_{ABC}(T,T_0) = \pi_{AB}(T) - \pi_{AB}(T_0) + \int_{T_0}^{T}\sigma_A dT - \int_{T_0}^{T}\sigma_B dT$$
$$= \pi_{AB}(T) - \pi_{AB}(T_0) + \int_{T_0}^{T}(\sigma_A - \sigma_B)dT = E_{AB}(T,T_0)$$

（14-22）

上述两种证明方法结论一致。用第二种方法讨论图 14-9（b）所示的情况，即

$$E_{ABC}(T,T_0) = \pi_{AB}(T) + \pi_{BC}(T_1) + \pi_{CB}(T_1) + \pi_{BA}(T_0)$$
$$+ \int_{T_0}^{T}\sigma_A dT + \int_{T}^{T_1}\sigma_B dT + \int_{T_1}^{T_1}\sigma_C dT + \int_{T_1}^{T_0}\sigma_B dT$$
$$= \pi_{AB}(T) + \pi_{BA}(T_0) + + \int_{T_0}^{T}\sigma_A dT - \left(\int_{T_0}^{T_1}\sigma_B dT + \int_{T_1}^{T}\sigma_B dT\right)$$
$$= \pi_{AB}(T) + \pi_{BA}(T_0) + \int_{T_0}^{T}\sigma_A dT - \int_{T_0}^{T}\sigma_B dT$$
$$= \pi_{AB}(T) - \pi_{AB}(T_0) + \int_{T_0}^{T}(\sigma_A - \sigma_B)dT$$
$$= E_{AB}(T,T_0)$$

（14-23）

因此，在热电偶回路中，接入中间导体 C 后，只要其两端的温度相等，那么就不会影响回路的总热电动势。对于在回路中接入多种导体后，只要每一种导体两端的温度相同，可以得到同样的结论。

用热电偶测温时，显示仪表和连接导线都可作为中间导体，根据中间导体定律，只要显示仪表和连接导线两端的温度相同，它们对热电偶产生的热电动势就没有影响。

3. 连接导体定律与中间温度定律

在热电偶回路中，如果热电极 A、B 分别与连接导线 A'、B'连接，接点温度分别为 T、T_n、T_0（见图 14-10），那么回路的热电动势将等于热电偶的热电动势 $E_{AB}(T,T_n)$ 与连接导线 A'、B'在温度 T_n、T_0 时热电动势 $E_{A'B'}(T_n,T_0)$ 的代数和为

$$E_{ABB'A'}(T,T_n,T_0) = \pi_{AB}(T) + \pi_{BB'}(T_n) + \pi_{B'A'}(T_0) + \pi_{A'A}(T_n)$$
$$+ \int_{T_n}^{T} \sigma_A dT + \int_{T_0}^{T_n} \sigma_{A'} dT - \int_{T_0}^{T_n} \sigma_{B'} dT - \int_{T_n}^{T} \sigma_B dT \quad (14\text{-}24)$$

$$\pi_{BB'}(T_n) + \pi_{A'A}(T_n) = \frac{kT_n}{e} \ln \frac{n_B}{n_{B'}} \frac{n_{A'}}{n_A} = \frac{kT_n}{e} \left(\ln \frac{n_{A'}}{n_{B'}} - \ln \frac{n_A}{n_B} \right) = \pi_{A'B'}(T_n) - \pi_{AB}(T_n)$$
$$(14\text{-}25)$$

$$\pi_{B'A'}(T_0) = -\pi_{A'B'}(T_0) \quad (14\text{-}26)$$

所以有

$$E_{ABB'A'}(T,T_n,T_0) = \pi_{AB}(T) + \pi_{A'B'}(T_n) - \pi_{AB}(T_n) - \pi_{A'B'}(T_0)$$
$$+ \int_{T_n}^{T} \sigma_A dT - \int_{T_n}^{T} \sigma_B dT + \int_{T_0}^{T_n} \sigma_{A'} dT - \int_{T_0}^{T_n} \sigma_{B'} dT$$
$$= \left[\pi_{AB}(T) - \pi_{AB}(T_n) + \int_{T_n}^{T} (\sigma_A - \sigma_B) dT \right] \quad (14\text{-}27)$$
$$+ \left[\pi_{A'B'}(T_n) - \pi_{A'B'}(T_0) + \int_{T_0}^{T_n} (\sigma_{A'} - \sigma_{B'}) dT \right]$$
$$= E_{AB}(T,T_n) + E_{A'B'}(T_n,T_0)$$

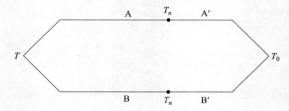

图 14-10 用连接导线的热电偶回路

连接导体定律是工业测温中应用补偿导线的理论基础。从连接导体定律还可以引出下列重要的结论：

当 A 与 A'、B 与 B'材料分别相同且接点温度为 T、T_n、T_0 时，

根据连接导体定律，可得该回路的热电动势为

$$E_{AB}(T,T_n,T_0)=E_{AB}(T,T_n)+E_{AB}(T_n,T_0) \qquad （14-28）$$

式（14-28）表明，热电偶在接点温度为 T、T_0 时的热电动势 $E_{AB}(T,T_0)$ 等于热电偶在（T，T_n）、（T_n，T_n）时相应的热电动势 $E_{AB}(T,T_n)$、$E_{AB}(T_n,T_0)$ 的代数和，这就是中间温度定律。其中，T_n 称为中间温度。即

$$E_{AB}(T,T_n,T_0)=E_{AB}(T,T_n)+E_{AB}(T_n,T_0) \qquad （14-29）$$

4. 参考电极定律

参考电极定律指出：如果将热电极 C（一般为纯铂丝）作为参考电极（也称标准电极），并已知参考电极与各种热电极配对时的热电动势，那么在相同接点温度（T，T_0）下，任意两热电极 A、B 配对后的热电动势（回路示意图如图 14-11 所示）可按式（14-30）求得，即

$$E_{AB}(T,T_0)=E_{AC}(T,T_0)-E_{BC}(T,T_0) \qquad （14-30）$$

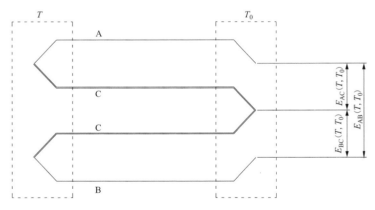

图 14-11　参考电极电路

当已知两导体分别与参考电极组成热电偶的热电动势，就可以根据参考电极定律计算出该两导体组成热电偶时的热电动势。由于纯铂丝的物理、化学性能稳定，熔点较高，易提纯，所以常用纯铂丝作为参考电极。参考电极定律大大简化了热电偶的选配工作。只要获得有关热电极与标准铂电极配对的热电动势，那么任何两种热

电极配对时的热电动势便可按式（14-30）求得，而不需逐个测定。

三、热电偶的材料、类型、特性及使用

1. 材料

热电偶必须由两种不同材料的热电极组成。虽然从理论上讲任意两种导体（或半导体）都可以配制成热电偶，但是作为实用的测温元件，并不是所有的材料都适合制作热电偶。作为热电偶电极的材料应尽可能满足以下条件：

（1）配制成的热电偶应有较大的热电动势和热电动势率，且热电动势与温度之间呈线性关系或近似线性的单值函数关系。

（2）能在较宽的温度范围内应用，且物理、化学性能与热电特性都较稳定用于测量高温的热电偶，要求热电极材料有较好的耐热性、抗氧化性、抗还原性和抗腐蚀性，这样才能在高温下可靠地工作。对于应用在核辐照场合中测温的热电偶材料，还要求有较好的抗辐照性。

（3）电导率高，电阻温度系数和电阻率小。测量回路的电阻变化会影响仪表的指示值。如果热电极材料的电阻比仪表的内阻小得多，并且热电极电阻随温度的变化也小，则在测量回路的电阻变化就会很小，测温时误差就小。

（4）易于复制，工艺性与互换性要好，便于制定统一的分度表。

（5）资源丰富，价格低廉。

实际生产中很难找到一种能完全满足上述要求的材料。选择热电极材料时，应根据具体情况，找出主要矛盾加以解决，使配制成的热电偶达到所期望的要求。

2. 分类

按热电极材料分类，热电偶可分为难熔金属热电偶（如钨铼 5-钨铼 26 热电偶）、贵金属热电偶（如铂铑 30-铂铑 6 热电偶）、廉金属热电偶（镍铬-镍硅热电偶）、非金属热电偶（如石墨-碳化硅热电偶）。

按使用温度范围分类，又可分为高温热电偶（如铂铑 30-铂铑 6 热电偶）、中温热电偶（如镍铬-镍硅热电偶）、低温热电偶（如铜-康铜热电偶）。

按热电偶的结构类型可分为普通热电偶、铠装热电偶、特殊结构热电偶等。

按热电偶的用途又可分为标准热电偶（用于分度其他热电偶量值的热电偶）和工作用热电偶（直接用于现场测温的热电偶）。

按工业标准化情况分类，则可分为标准化热电偶（工艺成熟、互换性好、有分度表的热电偶）和非标准化热电偶（只在某些特殊场合使用，没有统一的分度表的热电偶）两大类。

3. 最常见的两种热电偶类型

最常用的热电偶形式是普通型热电偶和铠装热电偶，下面着重介绍这两种热电偶。

（1）普通型热电偶。普通型热电偶由热电极和保护套组成。根据测量温度范围和环境气氛的不同，选择不同的热电偶和保护套。其安装时的连接形式可分为螺纹连接和法兰连接两种。

（2）铠装热电偶。铠装热电偶是一种由热电极、绝缘材料和金属套管三者次成型加工而成的热电偶，也称为套管热电偶。铠装热电偶的热电极被周围致密的氧化物粉末所绝缘，有对称间距。外壳的套管和绝缘材料的选择将直接影响热电偶的绝缘电阻和使用寿命。这种热电偶外径、长度和测量端的结构形式是根据测量要求来选定的。

1）铠装热电偶的形式。铠装热电偶的测量端一般有以下四种形式，如图 14-12 所示。

碰底型（或接壳型）：热电偶测量端和套管焊在一起，其动态响应比露头型慢，但比不碰底型快。

不碰底型（或绝缘型）：测量端封闭在套管内，热电极与套管之间相互绝缘，这是一种最常用的形式。

露头型（或露端型）：其测量端暴露在套管外面，动态响应好，仅在干燥的非腐蚀性的介质中使用。

帽型：把露头型的测量端套上一个套管材料做的保护帽，用银焊密封起来。碰底型和不碰底型的头部也可根据使用要求加工成其他尺寸和形状。

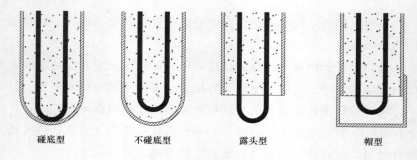

碰底型　　　　　不碰底型　　　　　露头型　　　　　帽型

图 14-12　铠装热电偶测量端形式

2）铠装热电偶的特点。铠装热电偶的主要优点如下：

①热响应快。热响应用时间常数 τ 来表示。套管直径不同，时间常数 τ 不同；测量端形式不同，时间常数 τ 也不同。套管的外径和时间常数 τ 的关系见表 14-1。

表 14-1　　　　　　　　套管外径和时间常数的关系

套管外径 (mm)	时间常数（r/s）		
	露头型	碰底型	不碰底型
1.0	0.01	0.3	0.7
1.6	0.06	0.6	1.2
3.2	0.12	1.8	3.6
4.8	0.24	3.0	6.1
6.4	0.36	4.9	12.3
8.0	0.61	6.7	19.6

②测量端热容量小。由于铠装热电偶外径可以做得很细，在热容量较小的被测物体上，也能测得较准确的温度。

③挠性好。套管材料经退火处理后，有良好的柔性。如外套管为不锈钢（1Cr18Ni9Ti）的铠装热电偶的弯曲半径仅为套管直径的两倍。

④强度高。铠装热电偶结构坚实，机械强度高，耐压、耐强烈震动和冲击，适于多种工况使用。

⑤品种多。铠装热电偶的长度能达 100m 以上，套管外径最细能达 0.25mm。除双芯铠装热电偶外，还可以制成单芯或四芯等铠装热电偶。

由于铠装热电偶有很多特点，因此已被广泛应用在航空、原子能、电力、冶金、机械和化工等部门。

（3）铠装热电偶的材料。正确选用组合体各部分材料是提高测量准确度和使用寿命的一个关键。金属套管是对热电偶起支撑和保护作用的，因此不仅要考虑使用温度，更重要的是根据使用环境来选择。低温下可用铜做套管；中温范围常用不锈钢（如 1Cr18Ni9Ti）和镍基高温合金（如 GH30），可根据测温范围和环境气氛来选用不同牌号的不锈钢；高温下可以用钼、铂、钽、铱和铱合金。

绝缘材料是用来保证热电极之间、热电极与套管之间电气绝缘的。常用的绝缘材料有氧化铝、氧化镁和氧化铍等，其中，以氧化镁用得最多。但是这些绝缘材料都有吸潮性，尤其是氧化镁更容易吸潮，严重影响绝缘性能，应采用密封防潮措施。

4. 常用热电偶的特性

常用的八种热电偶为铂铑 10-铂热电偶、铂铑 13-铂热电偶、铂铑 30-铂铑 6 热电偶、镍铬-镍硅热电偶、镍铬硅-镍硅镁热电偶、镍铬-铜镍（康铜）热电偶、铁-铜镍（康铜）热电偶、铜-铜镍（康铜）热电偶。其测量范围、准确度等级及允差和物理性能见表 14-2 和表 14-3。

表 14-2　　　　常用热电偶的允许误差及其适用温度范围

名　　称	分度号	1 级	2 级
		允许偏差及其适用温度范围	允许偏差及其适用温度范围
铂铑 10-铂热电偶	S	$0 \sim +1100℃$ $\pm 1℃$	$0 \sim +600℃$ $\pm 1.5℃$
铂铑 13-铂热电偶	R	$+1100 \sim +1600℃$ $\pm [1 + 0.003(t-1100)]$	$+600 \sim +1600℃$ $\pm 0.25\%t$

续表

名 称	分度号	1 级	2 级
		允许偏差及其适用温度范围	允许偏差及其适用温度范围
铂铑 30-铂铑 6 热电偶	B	—	+600～+1700℃ ±0.25%t
镍铬-镍硅热电偶	K	−40～+375℃ ±1.5℃ 375～1000℃ ±0.004t	−40～+333℃ ±2.5℃ 333～1200℃ ±0.0075t
镍铬硅-镍硅镁热电偶	N		
镍铬-铜镍热电偶	E	−40～+375℃ ±1.5℃ 375～800℃ ±0.004t	−40～+333℃ ±2.5℃ 333～900℃ ±0.0075t
铁-铜镍热电偶	J	−40～+375℃ ±1.5℃ 375～750℃ ±0.004t	−40～+333℃ ±2.5℃ 333～750℃ ±0.0075t

注 1. 以上所有指标不适用于合格性判别，仅供参考。

2. t 为测量端温度，℃。

3. 允许误差取大者。如 1 级 K 型偶测量端温度为 300℃时，最大允许误差是 ±1.5℃，而不应为 ±1.2℃（±0.4%t）。

（1）铂铑 10-铂热电偶（S 型）。这是一种贵金属热电偶，其热电性能稳定，抗氧化性能好，宜在氧化性、中性气氛中使用。这种热电偶的不足之处是价格较贵，机械强度稍差，热电动势较小，使用时需配用灵敏度较高的显示仪表；此外，热电极在还原性气氛、二氧化碳以及硫、硅、碳和碳化合物所产生的蒸气中易被沾污而变质，不宜使用。

（2）铂铑 13-铂热电偶（R 型）。铂铑 13-铂热电偶性能与铂铑 10-铂热电偶基本类似，只是其稳定性和复现性更好些，机械强度略好，价格更贵些。

（3）铂铑 30-铂铑 6 热电偶（B 型）。这是一种高温热电偶，在高温测量中得到广泛应用。与铂铑 10-铂热电偶相比，抗沾污能力好、机械强度高，在高温下热电特性也更为稳定，热电动势率较小，使用时也需要配用灵敏度较高的显示仪表。这种热电偶在室温下热电动势极小，在使用时一般不需要进行参考端温度补正。

表 14-3　常用热电偶材料的物理性能

热电偶名称	极性	热电极材料 识别	化学成分	最高使用温度(℃) 长期	短期	测温范围(℃)	100℃时热电动势(mV)	平均电阻温度系数(10⁻⁴/℃)	20℃时电阻率(μΩ·cm)	熔点(℃)	密度(g/cm³)	抗拉强度(MPa)
铂铑10-铂	P	较硬	Pt90%; Rh10%	1300	1600	0~1600	0.646	14.0	18.9	1847	20.00	314
	N	柔软	Pt100%					31.0	10.4	1769	21.46	137
铂铑13-铂	P	较硬	Pt87%; Rh13%	1300	1600	0~1600	0.647	13.3	19.6	1860	19.61	344
	N	柔软	Pt100%					31.0	10.4	1769	21.46	137
铂铑30-铂铑6	P	较硬	Pt70%; Rh30%	1600	1800	0~1800	0.033	—	19.0	1927	17.60	483
	N	稍软	Pt94^s Rh6%					—	17.5	1826	20.60	276
镍铬-镍硅	P	不亲磁	Ni90%; Cr10%	1200	1300	−200~1300	4.096	29.0	70.6	1427	8.5	≥490
	N	稍亲磁	Ni97%; Si3%					16.3	29.4	1399	8.6	≥390
镍铬硅-镍硅镁	P	不亲磁	Cr13.7%~14.7%; Si1.2%~1.6%; Mg<0.01%; Ni余量	1200	1300	−200~1300	2.774	0.78	100.0	1410	8.5	≥620
	N	稍亲磁	Si4.2%~4.6%; Mg0.5%~1.5%; Cr<0.02%; Ni余量					14.9	33.0	1340	8.6	≥550
镍铬-铜镍	P	暗绿	Ni90%; Cr10%	750	900	−200~900	6.319	2.9	70.6	1427	8.5	≥490
	N	亮黄	Cu55%; Ni45%					0.5	49.0	1220	8.8	≥390
铁-铜镍	P	亲磁	Fe100%	600	750	−40~750	5.269	95.0	12.0	1402	7.8	≥240
	N	不亲磁	Cu55%; Ni45%					0.5	49.0	1220	8.8	≥390
铜-铜镍	P	红色	Cu100%	300	350	−200~350	4.279	43.0	1.71	1084.62	8.9	≥196
	N	银白色	Cu55%; Ni45%					0.5	49.0	1220	8.8	≥390

（4）镍铬-镍硅热电偶（K型）。镍铬-镍硅热电偶是目前使用最多的一种廉金属热电偶。在500℃以下可在还原性、中性和氧化性气氛中可靠地工作，而在500℃以上只能在氧化性或中性气氛中工作。镍铬-镍硅热电偶的热电动势率约为铂铑10-铂热电偶的4倍多。其不足之处是含镍量高，镍硅极有明显的磁性，由磁性相变引起的回滞特性不利于温度测量控制回路的设计。

（5）镍铬硅-镍硅镁热电偶（N型）。镍铬硅-镍硅镁热电偶是一种新型热电偶，热电性能与K型偶相似，但抗氧化性能和稳定性优于K型偶，其耐辐照和耐低温性能好，可能全面取代廉金属热电偶。

（6）镍铬-铜镍（康铜）热电偶（E型）。镍铬-铜镍热电动势和热电动势率高，稳定性、均匀性、导热性好，价格便宜，适宜在氧化性气氛中使用，不宜在卤族元素、还原性气氛，以及含硫、碳气氛中使用。

（7）铁-铜镍（康铜）热电偶（J型）。这种热电偶的主要优点是可以在氧化性或还原性气氛中使用，因此在石油和化工等部门得到广泛应用。它的热电动势率大（约为53mV/℃），热电极中含镍量少，且价格低廉。其主要缺点是铁极易锈烛，用发蓝的方法虽然能增加抗锈蚀能力，但还不能从根本上解决问题，在纯铁中增加某些元素是可取的方法。

（8）铜-铜镍（康铜）热电偶（T型）。由于这种热电偶的铜热电极易氧化，故一般在氧化性气氛中使用不宜超过300℃。其热电动势率较大，且铜和康铜都容易复制，质地均匀、价格低廉，工业上通常用它来测量300℃以下的温度。

5. 使用

（1）热电偶参考端补偿。热电偶的热电动势大小与热电极材料以及两接点的温度有关。热电偶的分度表和根据分度表刻度的温度仪表都是以热电偶参考端温度等于0℃为条件的，所以在使用时原则上应遵循这一约定。但在用热电偶测温时，要使参考端温度长时间准确地保持在 0℃ 比较困难，为了准确测出实际温度，就必须采取修正或补偿等措施（见图 14-13）。

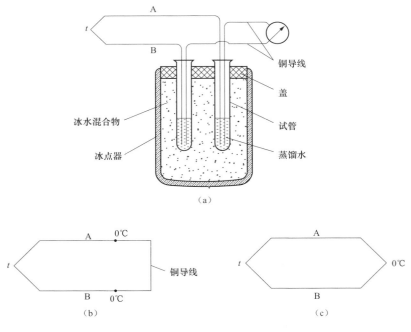

图 14-13　参考端连接示意图

首先介绍如何将参考端温度恒定在 0℃，然后再介绍参考端温度不在 0℃ 时的补正方法。

在一个标准大气压下，冰和水的平衡温度为 0℃。通常将清洁的水制冰，然后破碎成雪花状，放入冰桶内（一般可选择具有足够深度的保温容器）压实，再注入适量清洁的水，使水面低于冰面（1～2）cm，这样实现的冰水混合物平衡温度可以认为是 0℃（相对于热电偶的测温误差，该平衡温度与 0℃ 的偏离可忽略）。将热电偶的两热电极参考端与铜导线的接点分别插在冰点器中两根玻璃试管的底部，玻璃试管应尽可能细，应有足够的插入深度（大于或等于 15cm），并充入少量无水酒精或变压器油。

插入试管的参考端分别由铜导线引出接往温度仪表。温度仪表可看作铜导线，而且铜导线与热电偶的热电极相接的两接点温度均在 0℃。根据中间导体定律，铜导线及温度仪表对热电偶回路的总热电动势没有影响。

当热电偶参考端温度恒定（t_n），但不为 0℃时，可以采用热电动势补正法。

根据中间温度定律，有

$$E_{AB}(t, t_n, t_0) = E_{AB}(t, t_n) + E_{AB}(t_n, t_0) \qquad (14\text{-}31)$$

其中 $E_{AB}(t_n, t_0)$ 是参考端 0℃、测量端为 t_n 时的热电动势，当 t_n 恒定不变时，$E_{AB}(t_n, t_0)$ 是一个定值。测得热电动势 $E_{AB}(t, t_n)$ 加上 $E_{AB}(t_n, t_0)$ 就可获得所需的 $E_{AB}(t, t_0)$。在分度表上可直接查出 $E_{AB}(t_n, t_0)$ 值，也可以由试验直接获得。

例如用镍铬-镍硅热电偶测量炉温时，参考端的温度为 $t_n = 20.6℃$，测得的热电动势为 11.504mV，求炉温。

查镍铬-镍硅热电偶分度表得到 $E(20.6, 0) = 0.822\text{mV}$，则有

$$\begin{aligned} E_{AB}(t, t_0) &= E_{AB}(t, t_0) + E_{AB}(t_n, t_0) = 11.504 + 0.822 \\ &= 12.326(\text{mV}) \end{aligned} \qquad (14\text{-}32)$$

再次由该分度表得到 12.326mV 相当于 302.8℃。若参考端不做补正，则 11.504mV 对应的温度为 283.0℃，误差为 19.8℃。

这种补正方法应用于测量热电偶输出为电势的场合，其准确程度取决于能否准确测得参考端温度 t_n 值。

（2）补偿导线。补偿导线是在一定温度范围内（一般在常温附近）具有与所匹配热电偶的热电动势的标称值相同或非常接近的一对带有绝缘层的导线。热电偶的参考端与补偿导线连接，补偿导线与温度仪表连接，组成测量回路。

1）延伸参考端的位置。

2）廉金属材料作为贵金属热电偶的补偿导线，能节约大量的贵金属。

3）对于线路较长、直径较粗的热电偶，可采用多股导线制成

的补偿导线，便于安装和线路敷设。

4）用直径粗和导电系数大的补偿导线来延长热电极，可以减小热电偶回路的电阻，以利于动圈式显示仪表的正常工作和自动控温。

5）远距离敷设补偿导线，可避开测温场合，便于遥测和集中管理。

补偿导线使用时必须注意以下几个方面：

1）任何一种补偿导线只能与相应型号的热电偶配用。

2）使用补偿导线时，切勿将其极性接反。补偿导线极性接错时，不仅不能起到参考端补偿的作用，相反会产生更大的误差，这种误差是不进行参考端补偿所产生误差的两倍。

3）热电偶和补偿导线连接点的温度不得超过规定使用的温度范围。

4）热电偶和补偿导线两连接点的温度必须相同。

第二节 工作用热电偶校准

JJF 1637—2017《廉金属热电偶校准规范》适用于测量范围（-40～1200）℃，长度不小于 500mm，可拆卸的镍铬-镍硅（K 型）、镍铬硅-镍硅镁（N 型）、镍铬-铜镍（E 型）、铁-铜镍（J 型）廉金属热电偶的校准。

JJF 1262—2010《铠装热电偶校准规范》适用于测量范围（-40～1100）℃、金属套管长度不小于 500mm 的廉金属铠装热电偶的校准。

为节省篇幅，将上述热电偶统称为工作用热电偶（下文以"被校热电偶"代替）。

一、计量特性

1. 热电偶的热电动势

热电偶的热电动势表征其热电特性。当热电偶参考端为 0℃时，热电动势与温度的关系应符合 GB/T 16839.1 的规定。

2. 热电偶的温度示值偏差

在一定的温度范围内，被校热电偶的温度示值偏差符合表 14-2 的要求。

二、校准条件

1. 环境条件

电测设备工作的环境温度和相对湿度应符合相应规定的要求。例如电测仪器使用 KEITHLEY2010，需要满足其（23±5）℃的运行要求。

恒温设备工作的环境应无影响校准的气流扰动和外电磁场的干扰。

2. 主标准器

校准温度在 300℃以上时，选用的主标准器是标准铂铑 10-铂热电偶，其中，校准 1 级工作用热电偶时需使用一等标准铂铑 10-铂热电偶。电厂中的测温元件一般是 2 级工作用热电偶，故选用二等标准铂铑 10-铂热电偶即可。

校准温度在 300℃（含）以下时，选用的主标准器是二等铂电阻温度计。

3. 电测设备

校准温度在 300℃以上时，对电测设备（0～100）mV 直流电压挡的准确度等级有要求：校准 1 级工作用热电偶应选用准确度等级不低于 0.01 级，分辨率不低于 0.1μV 的电测仪器；校准 2 级工作用热电偶应选用准确度等级不低于 0.02 级，分辨率不低于 1μV 的电测仪器。

校准温度在 300℃（含）以下时，除上述要求外，还要求电测设备（0～100）Ω 档的准确度等级不低于 0.02 级，分辨力不低于 0.1mΩ。常用数字多用表的最大允许误差见表 14-4。

4. 恒温设备

校准温度在 300℃以上时，使用配有均温块的管式炉。均温块起到的作用是：有效工作区域轴向 30mm 内，任意两点温差绝对值不大于 0.5℃；径向半径不小于 14mm 范围内，同一截面任意两点的温差绝对值不大于 0.25℃。

表 14-4　　　　　常用数字多用表的最大允许误差

等级	常用型号	测量范围	最大允差（Ω）
0.005 级	KEITHLEY2010	（0～100）mV	±（0.0037%示数+0.0009%量程）
		（0～100）Ω	±（0.0052%示数+0.0009%量程）
0.01 级	KEITHLEY2000	（0～100）mV	±（0.0050%示数+0.0035%量程）
		（0～100）Ω	±（0.01%示数+0.004%量程）
	HY-2003A	（0～220）Ω	±（0.01%示数+0.001%量程）

校准温度在 300℃（含）以下时，可使用恒温槽。要求在有效工作区域内任意两点温差不大于 0.1℃。

5. 多点转换开关

各路寄生电势及各路寄生电势之差均不大于 0.5μV。

6. 参考端恒温器

恒温器深度应不小于 200mm，工作区域温度变化为（0±0.1）℃。

7. 补偿导线

用于将被校热电偶信号输出端引至参考端恒温仪。技术要求为：室温约 70℃范围内；允许偏差为±0.2℃。

三、校准项目及校准方法

1. 校准项目

工作用热电偶在校准温度点的热电动势和温度示值偏差。

2. 外观检查

目力检查热电偶外观。

（1）被校热电偶电极不应有严重的腐蚀、明显缩径、粗细不均匀等缺陷。

（2）被校热电偶测量端焊接应牢固，圆滑、无气孔和夹灰等。

3. 校准方法

（1）校准温度点。在被校热电偶测量温度范围内，至少校准三个温度点，参照表 14-5 和表 14-6 选取校准温度点，也可根据客户要求选择其他校准温度点。

表 14-5　　　　廉金属热电偶参考校准温度点的选择

热电偶分度号	热电极直径（mm）				校准温度点（℃）				
K 或 N	0.3				400	600	700		
	0.5	0.8	1.0		400	600	800		
	1.2	1.6	2.0	2.5	400	600	800	1000	
	3.2				400	600	800	1000	（1200）
E	0.3	0.5			100	200	250		
	0.8	1.0	1.2		100	300	400		
	1.6	2.0	2.5		100	300	（400）	600	
	3.2				400	600	700		
J	0.3	0.5			100	200	250		
	0.8	1.0	1.2		100	200	400		
	1.6	2.0			（100）	300	400	500	
	2.5	3.2			（100）	300	400	600	

注　括号内参考校准温度点根据用户要求进行校准。

表 14-6　　　　铠装热电偶参考温度点的选择

热电偶分度号	金属外套管材料	外径（mm）	校准温度点（℃）
K，N	NiCr 合金 0Cr25Ni20	0.5，1.0	300（250），400，500
		1.5，20	400，600，800
		3.0，4.0，4.5，5.0	500，700，900
		6.0，8.0	500，800，1100
	1Cr18Ni9Ti 18Ci-8Ni	0.5，1.0	200，300（250），400
		1.5，2.0	400，500，600

6

续表

热电偶分度号	金属外套管材料	外径（mm）	校准温度点（℃）
K，N		3.0，4.0，4.5，5.0，6.0，8.0	400，600，800
E	1Cr18Ni9Ti 18Ci-8Ni	0.5，1.0	200，300（250），400
		1.5，2.0	300（250），400，500
		3.0，4.0，4.5，5.0	400，500，600
		6.0，8.0	400，600，800
J		0.5，1.0	100，200，300（250）
		1.5，2.0	200，300（250），400
		3.0，4.0，4.5，5.0	300（250），400，500
		6.0，8.0	400，600，750
T		0.5，1.0	100，200
		1.5，2.0，3.0，4.0，4.5，5.0	100，200，300（250）
		6.0，8.0	200，300（250），350

（2）参考端的连接方法。将剥去绝缘层的铜导线一端与被校热电偶参考端连接，置入装有酒精或变压器油的玻璃试管内，再均匀地插入参考端恒温器内。如果被校热电偶电极信号输出端无法插入参考端恒温器内，可用补偿导线的一端与其连接，另一端与铜导线连接后，置入装有酒精或变压器油的玻璃试管内，再均匀地插入参考端恒温器内。标准热电偶参考端与铜导线的一端连接后，也插入参考端恒温器。插入深度均不小于150mm。铜导线的另一端通过转换开关与电测仪器连接。

注：1. 热电偶接上补偿导线整体进行校准，仅限校准 2 级允差热电偶；校准 1 级允差热电偶时禁止使用补偿导线。

2. 补偿导线有正负之分，应对被校热电偶的正负极接好。

3. 标准偶应直接与铜导线连接，不应接入补偿导线。

4. 补偿导线长度为 500mm 左右，不宜过长，防止引入的测量误差过大。

5. 连接用铜导线应来自同一卷铜导线，减小寄生电势的影响。

（3）300℃以下温区被校热电偶的校准。采用比较法，将被校热电偶与测量标准进行比较。

将被校热电偶（必要时测量端套上石英保护管）与测量标准置于恒温设备中，测量标准感温点与被校热电偶测量端置于有效工作区域的同一水平位置，插入深度应不小于 200mm。被校热电偶参考端的连接，同样按（2）的方法操作。当测量标准温度偏离校准温度点±1℃以内、温度变化每分钟不超过 0.1℃时开始读数，读数顺序为：

标准→被检 1→被检 2→被检 3→⋯被检 n

标准←被检 1←被检 2←被检 3←⋯被检 n

每支热电偶的读数不少于 4 次，在每一校准温度点的整个读数过程中，温度的变化不得大于 0.2℃。

（4）300℃以上温区被校热电偶的校准。采用比较法，将被校热电偶与测量标准进行比较。

若为廉金属热电偶，将标准热电偶套上石英或刚玉保护管，与套上绝缘瓷珠的被校热电偶用细镍铬丝捆扎成一束，捆扎时将被校热电偶的测量端围绕标准偶均匀分布一周。然后将热电偶束插至管式炉内的杯状均温块底部，其测量端与标准热电偶的测量端处于同一个径向截面上。标准热电偶处于管式炉轴线位置上，热电偶测量端处于炉内最高均匀温区，炉口处用绝缘耐火材料封堵。被校热电偶参考端的连接同样按（2）的方法操作。

若为铠装热电偶，将标准热电偶套上石英或刚玉保护管和被校铠装热电偶分别插至蜂窝状均温块底部，炉口用绝缘耐火材料封堵。

校准应由低温向高温逐点升温进行，当测量标准温度偏离校准温度点±5℃以内，温度变化每分钟不超过 0.2℃时开始读数。读数顺序按（3）进行，每支热电偶的读数不少于 4 次，在每一校准温度点的整个读数过程，温度的变化不得大于 0.5℃。

（5）数据处理。被校热电偶热电动势计算公式：

$$e_{被}(t) = \overline{e}_{被} + S_{被} \cdot \Delta t_{校} + e_{补} \qquad (14\text{-}33)$$

$$\Delta t_{校} = t_{校} - t_{实}$$

式中　$e_{被}(t)$——被校热电偶在某校准温度点的热电动势值，mV；

　　　$\overline{e}_{被}$——被校热电偶在某校准温度点附近，测得的热电动势算术平均值，mV；

　　　$S_{被}$——被校热电偶在某校准温度点的微分热电动势，mV/℃；

　　　$\Delta t_{校}$——校准温度点与实际温度的差值，℃；

　　　$t_{校}$——校准温度点，℃；

　　　$t_{实}$——测量标准测得的实际温度，℃（实际温度=测量标准读数平均值+修正值）；

　　　$e_{补}$——补偿导线修正值，mV。

1）标准热电偶作测量标准校准时，被校热电偶热电动势计算公式为

$$e_{被}(t) = \overline{e}_{被} + \frac{e_{标证} - \overline{e}_{标}}{S_{标}} \cdot S_{被} + e_{补} \qquad (14\text{-}34)$$

式中　$e_{标证}$——标准热电偶证书上某校准温度点的热电动势值，mV；

　　　$\overline{e}_{标}$——标准热电偶在某校准温度点附近，测得的热电动势算术平均值，mV；

$S_{标}$、$S_{被}$——标准、被校热电偶在某校准温度点的微分热电动势，mV/℃。

2）标准铂电阻温度计作测量标准校准时，被校热电偶热电动势计算公式为

$$e_{被}(t) = \overline{e}_{被} + \frac{W_{t_n} - W_t}{\left(\dfrac{\mathrm{d}W_t}{\mathrm{d}t}\right)_{t_n}} \cdot S_{被} + e_{补} \qquad (14\text{-}35)$$

$$W_t = \frac{\overline{R}_t}{R_{tp}}$$

式中　t_n——校准温度点；

W_t——温度 t 时的电阻比;

$\overline{R}_t$——标准铂电阻温度计在温度 t 时,测得电阻的算术平均值,Ω;

R_{tp}——标准铂电阻温度计在水三相点的电阻值,Ω。

由标准铂电阻温度计分度表给出的温度对应的电阻比和电阻比随温度的变化率。

被校热电偶热电动势偏差计算公式为

$$\Delta e_{被} = e_{被}(t) - e_{分} \tag{14-36}$$

式中　$e_{分}$——被校热电偶分度表上查得的某校准温度点的热电动势值,mV。

被校热电偶温度示值偏差 $\Delta t_{被}$ 计算公式为

$$\Delta t_{被} = \frac{\Delta e_{被}}{S_{被}} \tag{14-37}$$

[示例1]　用标准热电偶校准热电偶时的示例

在 1000℃校准温度点附近,测得标准铂铑 10-铂热电偶热电动势的算术平均值 $\overline{e}_{标}$ 为 9.575mV,被校 K 型热电偶热电动势的算术平均值 $\overline{e}_{被}$ 为 41.300mV;从标准铂铑 10-铂热电偶检定证书中查得 1000℃ 时热电动势 $e_{标证}$ 为 9.595mV,微分热电动势 $S_{标}$ 为 0.012mV/℃;从分度表中查得1000℃时被校热电偶的热电动势 $e_{分}$ 为 41.276mV;微分热电动势 $S_{被}$ 为 0.039mV/℃。计算在 1000℃时被校热电偶热电动势和温度示值偏差(被校热电偶未接补偿导线,$e_{补} = 0.0\text{mV}$)。

在 1000℃时,被校热电偶热电动势为

$$e_{被}(t) = \overline{e}_{被} + \frac{e_{标证} - \overline{e}_{标}}{S_{标}} \cdot S_{被} + e_{补}$$

$$= 41.300 + \frac{9.595 - 9.575}{0.012} \times 0.039 + 0.0$$

$$= 41.365(\text{mV})$$

热电动势偏差 $\Delta e_{被}$ 为

$$\Delta e_{被} = e_{被}(t) - e_分 = 41.365 - 41.276 = 0.089 (\text{mV})$$

温度示值偏差 $\Delta t_{被}$ 为

$$\Delta t_{被} = \frac{\Delta e_{被}}{S_{被}} = \frac{0.089}{0.039} = 2.28 (\text{℃})$$

[示例2]　用标准铂电阻温度计校准被校热电偶时的示例

在 400℃校准温度点附近，测得标准铂电阻温度计电阻的算术平均值 $\overline{R}_t$ 为 248.9020Ω，被校 E 型热电偶热电动势的算术平均值为 29.106mV；从标准铂电阻 温度计检定证书中查得，400℃水三相点的电阻值 R_{tp} 为 99.4352Ω，分度表给出 W_{t_n} 为 2.50009296，电阻比的变化率 $(\mathrm{d}W_t/\mathrm{d}t)_{t_n}$ 为 0.00357502℃$^{-1}$；从分度表中查得 400℃时被校热电偶的热电动势 $e_分$ 为 28.946mV，微分热电动势 $S_{被}$ 为 0.080mV/℃。计算在 400℃时被校热电偶热电动势和温度示值偏差（被校热电偶未接补偿导线，$e_补$ =0.0mV）。

在 400℃时，被校热电偶热电动势为

$$e_{被}(t) = \overline{e}_{被} + \frac{W_{t_n} - W_t}{\left(\dfrac{\mathrm{d}W_t}{\mathrm{d}t}\right)_{t_n}} \cdot S_{被} + e_补$$

$$= 29.106 + \frac{2.50009296 - 248.9020 \div 99.4352}{0.00357502} \times 0.080$$

$$= 29.037 (\text{mV})$$

热电动势偏差 $\Delta e_{被}$ 为

$$\Delta e_{被} = e_{被}(t) - e_分 = 29.037 - 28.946 = 0.091 (\text{mV})$$

温度示值偏差 $\Delta t_{被}$ 为

$$\Delta t_{被} = \frac{\Delta e_{被}}{S_{被}} = \frac{0.091}{0.080} = 1.14 (\text{℃})$$

第十五章 温度二次仪表

温度二次仪表是一种工业过程测量和控制仪表,在化学、石化和石油工业、发电、食品、造纸、冶金工业,以及环境保护、空调设备等众多行业得到广泛应用。

之所以称为二次仪表,是因为仪表本身并不能单独测量温度,必须与温度传感器相配、接受其信号才能测量温度。这个信号应该是一种公认的、规范性的信号,通常包括符合国际电工委员会(IEC)标准的热电偶、热电阻信号以及标准化(电流、电压)信号和在特定领域内公认的规范化信号。

第一节 工作原理及结构

温度变送器是一种介于温度传感器和二次仪表之间的仪表。变送器的定义为输出为标准化信号的一种测量传感器,因此,本质上变送器应归入传感器范畴;从制造和检验的角度分析,温度变送器的输入信号往往是热电偶和热电阻,输出是标准化信号,从规模生产出发,可以按温度二次仪表的类似方法进行制造和检验。本章将温度变送器归入温度二次仪表中。

一、工作原理

温度二次仪表属非电量电测仪表,无论是模拟仪表还是数字仪表,均可以由以下几部分构成:测量电路、信号放大和处理单元、显示单元和供电单元。具有控制作用的仪表还应该有设定、比较单元和控制模式单元。原理图如图 15-1 所示。

测量电路将输入的温度传感器信号转换为电压信号,按显示单元的要求必须将此电压信号进行放大和处理,最后以仪表的显示方式给出被测温度值。用于控制的仪表将温度传感器的输入信号经信号放大处理后在设定比较单元与设定值进行比较，其偏差信号按仪表设置的控制模式输出相应的控制信号提供给执行机构。供电单元提供各类电路的电源。

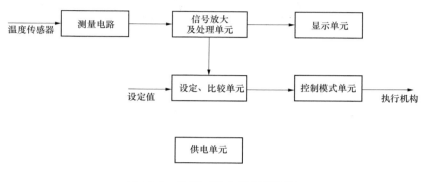

图 15-1　温度二次仪表原理框图

二、分类

1. 按输出特征分类

温度二次仪表按输出特征分类，可分为模拟仪表和数字仪表两大类。模拟仪表包括：动圈式温度指示调节仪，模拟记录仪（自动电位差计、自动平衡电桥和非自动平衡原理的模拟记录仪表），模拟式温度指示调节仪。数字仪表包括：数字温度指示调节仪，数字记录仪（用于数字记录和指示的混合式记录仪、无纸记录仪）。

2. 按输入信号类型分类

按输入信号的类型，可分为热电偶（电压）输入仪表、热电阻（电阻）输入仪表和标准信号（电流）输入仪表。

三、控制模式

温度二次仪表通常都具有控制功能。其控制模式可分为位式控制、时间比例控制和比例积分微分（PID）控制。随着控制理论的发展和微处理器在仪表中的深入应用，温度二次仪表中已逐渐融入了各种控制理论的成果，使仪表具有自整定、自适应等控制性能，提高了控制品质。

1. 位式控制

位式控制是一种最简单的控制模式。以两位控制为例，控制作用是以输出变量为两种状态中任意一种形式出现的。这两种状态分

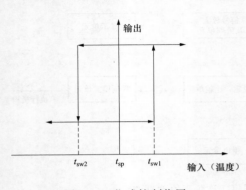

图 15-2 位式控制作用

别以继电器触点的接通和断开体现，或者以高、低电平来体现。如图 15-2 所示，输入量小于设定值 t_{sp} 时输出为低电平，当输入量增加到 $t_{sw1} \geqslant t_{sp}$ 时，输出为高电平；当输入量减小到 $t_{sw2} \leqslant t_{sp}$ 时，输出为低电平（t_{sw1}、t_{sw2} 为上、下切换值；t_{sp} 为设定值）。

设定点误差为

$$\Delta_{sp} = \frac{t_{sw2} + t_{sw1}}{2} - t_{sp} \tag{15-1}$$

切换差为

$$\Delta_{sw} = \left| t_{sw1} - t_{sw2} \right| \tag{15-2}$$

用于上下限报警的仪表，其上、下限报警设定误差分别为

$$\Delta_{sp} = t_{sw1} - t_{sp} \quad \Delta_{sp} = t_{sw2} - t_{sp} \tag{15-3}$$

2. 时间比例控制

时间比例控制是一种特殊的两位式控制，其输出状态的时间比值（即继电器接通的时间间隔与接通和断开时间之和的比值）与输入偏离设定值的大小有关。如图 15-3 所示，当输入小于设定值 t_{sp} 时，时间比值 $\rho > 0.5$（相当于加热功率大于 50%），输入大于设定值时，$\rho < 0.5$（相当于加热功率小于 50%）。对于时间比例作用的仪表，定义 $\rho = 0.5$ 的输出状态为设定期望输出，此时的输入值为 t_h。因此，时间比例作用仪表的设定点误差是以时间比例值 $\rho = 0.5$ 输出

时，输入值偏离设定值的程度来定义的。如图 15-3 中实现的输出特性，在输出的上下限具有较强的非线性，常出现在反馈型时间比例作用仪表中，检定时可按 $\rho = 0.1 \sim 0.9$ 来确定实际比例带。

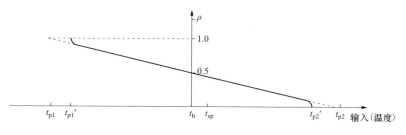

图 15-3 时间比例控制作用

设定点误差为

$$\Delta h = t_h - t_{sp} \tag{15-4}$$

比例带为

$$P = \frac{t_{p2} - t_{p1}}{\text{FS}} \times 100\% \text{ 或 } P = \frac{t'_{p2} - t'_{p1}}{\text{FS}} \times 100\% \tag{15-5}$$

式中 FS——仪表的量程；

t_{p1} —— $\rho = 1$ 的输入值；

t_{p2} —— $\rho = 0$ 的输入值。

在时间比例控制的实际应用中，由于被控对象的特性不同、被控温度有高有低，加热功率不可能都维持在 50%，往往在稳定时仪表的示值与设定值不一致。为此有些仪表增加了手动再调功能，可以人工改变 ρ 值，使仪表在实际使用时达到控制稳定时的示值与设定值保持一致。

3. 比例积分微分（PID）控制

比例积分微分（PID）控制的输出与输入的倍数有关，与输入信号随时间的积分有关，是这三种因素线性组合的控制作用。输出信号有连续的和断续的。连续的通常以（4~20）mA 的标准直流信号出现；断续的以高低电平或开关信号的时间比值 $\rho = 0 \sim 1$ 出现。

实际体现 PID 作用时的输出量 Y 与输入量 X（指调节器的输入，即输入与设定值的偏差量）之间的关系为

$$Y = \frac{K_P(1+1/sT_I)(1-sT_D)}{1+sT_D/\alpha} \cdot X \qquad (15\text{-}6)$$

式中　K_P——比例增益；

　　　T_I——再调时间；

　　　T_D——预调时间；

　　　α——微分增益；

　　　s——复变量。

输入为阶跃信号时的 PID 输出特性，如图 15-4 所示。

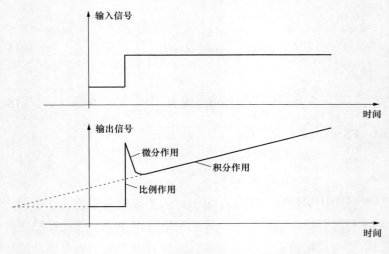

图 15-4　PID 控制作用的输出特性

四、电路知识

温度二次仪表的各组成部分均由相应的电路和器件组合而成。电子元器件的更新换代为仪表的发展开辟了无限广阔的前景。从体积庞大功能单一的电子管仪表到目前广泛应用的性能优越、功能完善、使用灵活的"智能"型仪表，其中所用的元器件就经历了电子管、晶体管、集成电路、大规模集成电路、微处理器（CPU）的发

展历程。本节讲述温度二次仪表中常用的电路基础知识。

1. 集成运算放大器

集成运算放大器是一种采用直接耦合方式的高增益、高输出阻抗、低漂移的直流放大器。有两个输入端（同相输入端和反相输入端），一个输出端。它可灵活实现多种信号变换、函数运算，在信号获取、信号处理、波形发生等方面广泛应用。

集成运算放大器是一种集成化的半导体器件，即在一小块单晶硅片上制成许多半导体三极管、二极管、电阻、电容等元件，组成能实现一定功能的运算放大器。并由三个基本部分组成：输入级（由晶体管恒流源的双端输入差动放大器组成，输入阻抗高、零漂小），中间级（为电压放大器，有很高的放大倍数），以及输出级（为射极输出器或互补对称设计输出电路，具有较大的输出功率和负载能力）。

理想运算放大器应满足：两个输入端之间的电位差等于零，输入电流等于零，输出阻抗等于零。随着电子技术的发展，运算放大器已趋于理想化，利用其特性可方便地组成各种反馈电路，实现相关的信号转换、函数运算和状态控制。电路的输入、输出特性只与输入及反馈回路的器件参数有关，与放大器无关。

2. 反馈放大器的几种基本电路

反馈有正、负反馈两种。运算放大器中的负反馈，是将输出的一部分或全部返回到反相输入端的一种连接方式；正反馈，是将输出的一部分或全部返回到同相输入端的一种连接方式。

反相放大器的电路如图 15-5 所示，输入、输出关系为

$$U_{\text{out}} = -\frac{R_2}{R_1} U_{\text{in}} \qquad (15\text{-}7)$$

同相放大器典型电路如图 15-6 所示，输入、输出关系为

$$U_{\text{out}} = \left(1 + \frac{R_2}{R_1}\right) U_{\text{in}} \qquad (15\text{-}8)$$

积分放大器典型电路如图 15-7 所示，输入、输出关系为

$$U_{\text{out}} = -\frac{1}{RC}\int U_{\text{in}}\,dt \qquad (15\text{-}9)$$

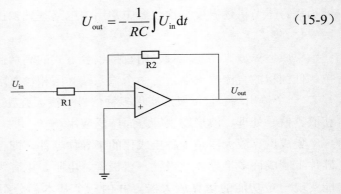

图 15-5　反相放大器

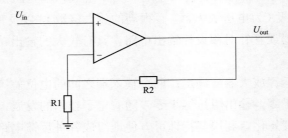

图 15-6　正相放大器

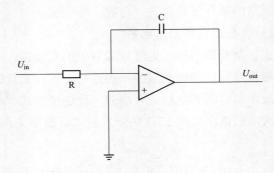

图 15-7　积分放大器

微分放大器典型电路如图 15-8 所示，输入、输出关系为

$$U_{\text{out}} = -RC\frac{dU_{\text{in}}}{dt} \qquad (15\text{-}10)$$

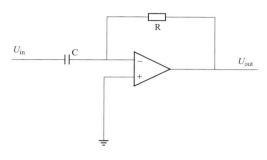

图 15-8 微分放大器

3. 信号转换及控制电路

（1）电压-电压变换器。电压-电压变换器可以由加法运算器和减法运算器来完成。

1）加法运算器。加法运算器可实现信号按一定比例的叠加，典型电路如图 15-9 所示，输入、输出关系为

$$U_{out} = -\left(\frac{R_4}{R_1}U_1 + \frac{R_4}{R_2}U_2 + \frac{R_4}{R_3}U_3 \right) \qquad （15-11）$$

2）减法运算器。减法运算器是将两个输入信号相减，可以用来实现电平位移（如将 1～5V 变换成 0～5V），还可以组成不随负载变化的恒压电源等。其典型电路如图 15-10 所示。输入、输出关系为

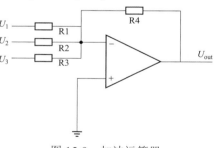

图 15-9 加法运算器

$$U_{out} = \frac{R_4 + R_1}{R_2 + R_3} \cdot \frac{R_3}{R_1}U_2 - \frac{R_4}{R_1}U_1 \qquad （15-12）$$

当 $R_1 = R_2$ 和 $R_3 = R_4$ 时，$U_{out} = \frac{R_4}{R_1}(U_2 - U_1)$。

（2）电流-电压变换器。最简便的电流-电压变换器可以用电流流过恒定电阻产生电压降来实现。但为了保证输出电压不受后级电

路的影响，可以采用运算放大器构成的电流-电压变换器。如将（4～20）mA 变换成（1～5）V 等。其典型电路如图 15-11 所示，输入、输出关系为

$$U_{\text{out}} = \left(1 + \frac{R_2}{R_1}\right) R_4 \cdot I_{\text{in}} \tag{15-13}$$

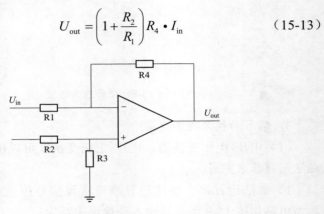

图 15-10　减法运算器

（3）电阻-电压变换器。实现电阻-电压变换器可以有多种方法。利用电桥可以将电阻变换成电压，恒定电流源流过电阻也可以得到相应的电压值。用运算放大器可以组成性能优越的恒流源，完成电阻-电压的变换。典型电路如图 15-12 所示，输入、输出关系为

$$U_{\text{out}} = \frac{E}{R} R_{\text{in}} = I R_{\text{in}} \tag{15-14}$$

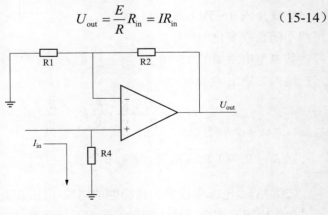

图 15-11　电流-电压变换器

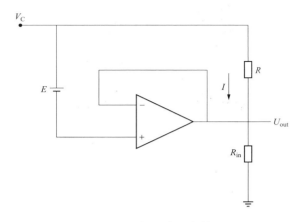

图 15-12 电阻-电压变换器

（4）电压-电流变换器。在模拟量的输出通道中，往往需要将电压信号变换成具有一定负载能力的电流信号，如温度变送器的电流输出。典型电路如图 15-13 所示，其中三极管电路是为提高负载能力，当 $R_1 = R_2$ 和 $R_3 = R_4$ 时，其输入、输出关系为

$$I_{out} = \frac{R_3}{R_2 R_5} U_{in} \qquad (15\text{-}15)$$

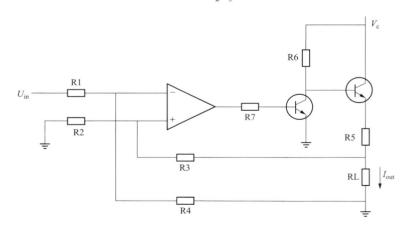

图 15-13 电压-电流变换器

（5）比较器。比较器即比较电路，它的功能是完成一个信号（输入信号）与另一个信号（设定值）的比较，并以一定的输出状态来表明比较的结果。典型电路如图 15-14 所示，图中 U_{out} 右边部分为继电器驱动电路。

当 $U_{in} < U_s$ 时，$U_{out} < 0$，继电器不动作；当 $U_{in} > U_s$ 时，$U_{out} > 0$，继电器动作。

具有"窗口"的滞回型比较器如图 15-15 所示。

D 为双向稳压管，A 处的电压有正负两个状态 $\pm U_A$。B 处的电压也有正负两个状态：$U_B = \dfrac{R_2}{R_2 + R_3} \cdot U_A$。令 U_A 的电压为正时，$U_B = U_{B1}$，为正；令 U_A 的电压为负时，$U_B = U_{B2}$，为负。

$U_{out} = U_A$ 为正时，当 U_{in} 由负增加到 $U_{in} \geq U_{B1}$ 时，U_{out} 则由 $+U_A$ 跳变至 $-U_A$。U_{in} 继续增加时，U_{out} 则仍维持在 $-U_A$。

$U_{out} = U_A$ 为负时，当 U_{in} 由正减小到 $U_{in} \leq U_{B2}$ 时，U_{out} 则由 $-U_A$ 跳变至 $+U_A$。U_{in} 继续减小时，U_{out} 则仍维持在 $+U_A$。

此比较器输出的变化与输入不是一一对应关系，与输入的变化方向有关，有滞回效应，回差为 $\dfrac{2R_2}{R_2 + R_3} \cdot U_A$。

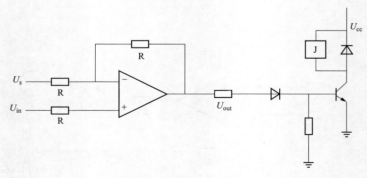

图 15-14　比较器

4. 桥路

（1）电桥的平衡。电路连接成桥路形式称为电桥。电桥在非电量电测方面得到广泛应用。典型线路如图 15-16 所示，它是由电阻构成的电桥。用欧姆定律不难得出：当电桥中的电阻满足 $R_1R_4 = R_2R_3$ 时，$U_{out} = 0$，称为电桥平衡。

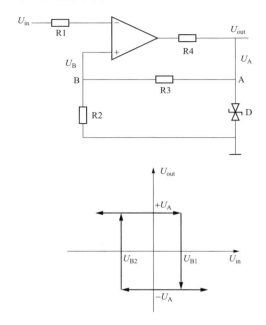

图 15-15　滞回型比较器

（2）平衡电桥和不平衡电桥。利用平衡电桥和不平衡电桥可以组成温度测量电路，同样也可以组成其他物理量的测量电路。

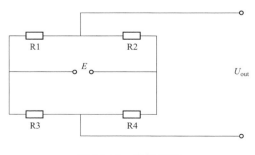

图 15-16　电桥电路

自动平衡式显示仪表中的自动电位差计和自动平衡电桥是平衡电桥的应用实例。仪表的指示指针停留在测量范围的任意位置时，桥路均处于平衡状态。

配热电阻的动圈式温度指示仪表，其测量电路是应用了不平衡电桥的原理。仪表的指示指针停留在下限值时，电桥处于平衡状态；测量范围的其他各点，电桥均不平衡，桥路的输出与热电阻的大小有关。

5. 整流、稳压电路

整流、稳压电路是仪表的供电单元，将交流电转换为仪表各单元正常工作所需的稳定的直流电源。

（1）整流电路。利用半导体二极管的单向导电特性可以将交流电转变（整流）成直流电。常用的整流电路有三种：半波整流、全波整流和桥式整流。如图 15-17 所示。

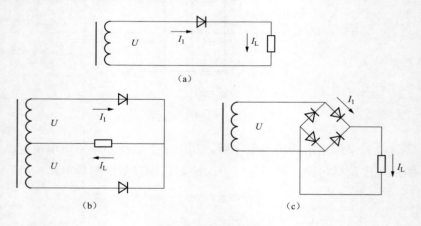

图 15-17　桥式电路

（a）半波整流；（b）全波整流；（c）桥式整流

半波整流电路中二极管至少能承受 $\sqrt{2}U$ 的反向电压和 I_L 的电流。

全波整流电路中二极管至少能承受 $2\sqrt{2}U$ 的反向电压和 $\dfrac{I_L}{2}$ 的

电流。

桥式整流电路中二极管至少能承受 $\sqrt{2}U$ 的反向电压和 $\dfrac{I_{\mathrm{L}}}{2}$ 的电流。

（2）稳压电路。稳压电路的作用是将整流后的直流电压保持稳定，不受负载电流的变化而变化。最简单的稳压电路是由稳压管和限流电阻组成的并联型稳压电源，如图 15-18 所示。它是利用稳压管的反向伏安特性进行稳压的：反向伏安特性如图 15-19 所示，稳压管反接后，当电压达到"击穿电压"后电流急剧变化，$\dfrac{\Delta U}{\Delta I}$ 变得很小，在一定电流范围内，稳压管两端的电压被稳定在"击穿电压"附近。限流电阻在此起到（吸收）电流的作用。

为了提高稳定度可以用两级稳压。此电路简单，但负载能力有限。由运算放大器组成的稳压电路大大提高稳压性能。集成电路的发展又提供了高性能、小型化、使用方便的稳压电源器件——三端稳压器（输入端、输出端和公共端）。如 W7805，即输出为+5V 的三端稳压器。

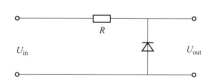

图 15-18　并联型稳压电路

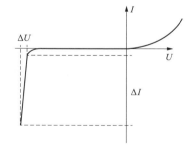

图 15-19　稳压管的反向伏安特性

6. 模拟/数字转换器（A/D 转换器）

模拟/数字转换器简称 A/D 转换器，常用的转换方法有计数器式 A/D 转换、逐次逼近型 A/D 转换、双积分式 A/D 转换、并行 A/D 转换、串-并行 A/D 转换、V/F 式 A/D 转换、D/A 辅以软件的 A/D 转换、$\Delta-\sum$ 式 A/D 转换。

温度二次仪表中的 A/D 转换以双积分式和逐次比较型为主。21

世纪前一段较长的时间内，温度二次仪表常采用双积分式 A/D 转换电路。虽然此种转换电路的转换速度较慢，但抗干扰能力强，并有相应的专用器件（如 7107、14433、7135 等）。逐次比较型 A/D 转换的特点是转换速度快、精度高，单抗干扰能力相对较低。进入 21 世纪以来，随着微处理器在仪器仪表中的深入应用，有 CPU 支持的 $\Delta-\Sigma$ 式 A/D 转换器件陆续投放市场，其特点是借助于微处理器技术综合了两者的优点，为仪表的高性能和高准确度开拓了新的前景。

（1）双积分式 A/D 转换。双积分式 A/D 转换是一种间接比较型的转换方式，转换原理如图 15-20 所示。它们由积分器、检零比较器、控制逻辑电路、时钟脉冲、计数器、编码器、电子开关和门电路组成。

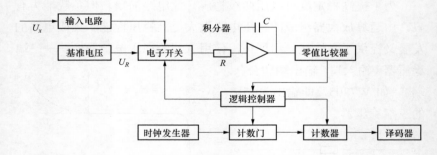

图 15-20　双积分是 A/D 转换电路原理

其原理是借助于积分器的两次积分过程，将被测电压 U_x 变换成与其平均值成正比的时间间隔，然后用脉冲发生器和计数器计出在此时间间隔内的时钟脉冲数以表示被测电压值，从而实现 A/D 转换。

工作过程：被测电压 U_x 经输入电路送至电子开关，逻辑控制器控制电子开关的通断，使 U_x 作用到积分器，先对 U_x 积分，此过程为取样阶段。逻辑控制器在取样阶段开始即打开计数门，时钟脉冲进入计数器，进行计数，并给出固定的取样时间 T_1。取样时间结束逻辑控制器控制电子开关，对基准电压 U_R 进行反向积分。当积分器输出零电平时，零值比较器输出信号到控制器，使计数门关闭。此时，计数器所计的时钟脉冲数就是被测电压的数字量。进行积分的过程称为比较阶段，比较阶段时间为 T_2。工作波形如图 15-21 所示。从积分器输出波形可知 U_x 与 T_2 成正比。

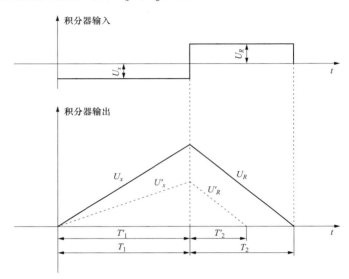

图 15-21 双积分式 A/D 转换电路原理

积分器从零电平开始对 U_x 积分，积分其输出为

$$U_{O1} = -\frac{1}{RC} \int_0^{T_1} U_x \mathrm{d}t = -\frac{T_1}{RC} \cdot \bar{U}_x \qquad (15\text{-}16)$$

经过一个固定的取样时间 T_1 后，积分器由 U_{O1} 反向积分，直到输出为零时停止。这时积分器输出为

$$U_{O2} = U_{O1} + \frac{1}{RC} \int_0^{T_2} U_R \mathrm{d}t = 0 \qquad (15\text{-}17)$$

因为 U_R 为常数，因此 $U_{O1} = -\frac{1}{RC} T_2 U_R$。与取样阶段输出的 U_{O1} 比较，经整理后，得 $T_1 U_x = T_2 U_R$。因为 T_1 和 U_R 为常数，说明 T_2 与 U_x 成正比。

设时钟脉冲频率为 f_0，则 $T_1 = N_1 / f_0$，$T_2 = N_2 / f_0$。N_1、N_2 为

脉冲数，即只要知道计数器在比较阶段所计脉冲数 N_2 就可以准确地得到被测电压 U_x 的平均值。

（2）逐次逼近型 A/D 转换。

逐次逼近型 A/D 转换器也称反馈比较式 A/D 转换器，属直接比较型的转换方式。它是基于电位差计的原理制成的，类似机械天平或具有自动补偿作用的电位差计的工作过程。原理框图如图 15-22 所示。

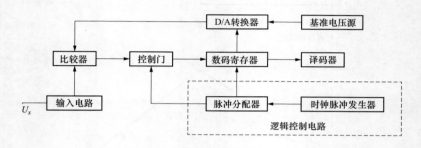

图 15-22　逐次逼近型 A/D 转换原理框图

A/D 转换器中各部分的作用如下：

1）比较器。比较器是一个电压幅值比较器，用以比较 U_x 及步进基准电压 U_R，即求他们的差值电压 $\Delta U = U_x - U_R$ 是正还是负。它的作用类似天平。

比较器输出驱动控制门，再送到数码寄存器。

2）时钟脉冲发生器。产生固定频率的脉冲信号。

3）脉冲分配器。将来自时钟脉冲发生器的一连串时序脉冲变成按时间分布的节拍脉冲。

4）数码寄存器。为存储单元，用来暂时存放与被测信号大小相对应的数码。它把每次比较结果（0 或 1）保存下来

5）D/A 转换器。用来产生一系列步进（几何级数阶梯，通常为 2^n）基准电压。此基准电压作为反馈信号，与被测电压 U_x 一起送到比较器中进行比较。基准电压的数值由数码寄存器的工作状态决定。

6）基准电压源。作为基准电压的机内参考电压源，类似于天平中的砝码，用来衡量被测电压的大小。

在逻辑控制电路的作用下，被测电压与基准电压（"砝码"）由高值到低值逐位加码比较，大者弃，小者留，逐次累积，逐次逼近，最后所留基准电压"砝码"的累计总和近似等于被测电压的大小。

五、配用的传感器

与温度二次仪表配用的传感器主要是工作用热电阻和工作用热电偶。为了正确使用和熟练检定的需要，应了解常用的热电偶、热电阻分度号及相关信息。

与温度二次仪表配用还有温度变送器、辐射感温器等。

六、量值溯源

由于温度二次仪表的检定是采用输入温度传感器对应的模拟信号（电压、电阻和电流），观察仪表的显示值，并以此模拟信号作为真值计算仪表的显示误差。因此，温度二次仪表的量值应溯源到电测仪器的电学国家基准。同时，模拟信号与温度的关系必须遵循国际温标赋予温度传感器的参考函数（分度表）。

作为模拟信号的电测仪器必须满足检定规程的要求。通常规定检定时，电测仪器及配套设备引入的扩展不确定度U应不大于被检仪表允许误差绝对值的$1/3 \sim 1/5$。按温度二次仪表的输入类型，检定用电测仪器（标准器）有标准直流电阻箱、标准直流电压源、电流源和补偿导线，如表 15-1 所示。

表 15-1　　　　　　　检 定 用 标 准 器

输入类型	标　准　器	备　注
热电阻	直流电阻箱	也适用于电阻输入型的仪表
热电偶	直流低电势电位差计或标准直流电压源	也适用于电阻输入型的仪表
	具有修正值的补偿导线和0℃恒温器	具有参考端温度自动补偿的仪表，必须增加此项
标准信号（电流）	标准直流电流源	

　　检定规程中补偿导线是标准器与被检仪表之间的连线。补偿导线的一端放入 0℃恒温器中，并通过铜导线与标准器相连接，目的是利用热电偶的特性将仪表接线端子的温度延伸至 0℃。补偿导线是一种在一定范围内与所配热电偶热电特性基本相同的热电偶，因此在使用前必须经过校准，给出修正值，便于在仪表中清除补偿导线带来的系统误差。

　　由于补偿导线的一端在 0℃恒温器中，另一端与被测仪表的输入端连接。因此，只要输出（15～25）℃之间的修正值即可。如果要进行型式评价中的温度影响试验，那么必须将修正值的温度范围扩展到仪表正常工作的温度范围。

　　因此，补偿导线的修正值应按热电偶的传递系统表溯源至国家基准。

七、检定总则

　　温度二次仪表的作用是为了完成对温度参数的测量和控制。因此，要判定一台仪表是否合格，从计量特性而言主要应检定它的示值基本误差、回差（模拟仪表）、分辨力（数字仪表），具有控制作用的仪表还应检定它的设定点误差（静差）、切换差、输出误差；从仪表本身和对人身的安全而言，必须检定其绝缘电阻和绝缘强度。

　　温度二次仪表的技术指标均用引用误差表示。而检定时是按绝对误差进行比较的方式来判定仪表是否合格。因此，检定前应将仪表技术指标中的引用误差转换成绝对误差形式的最大允许误差。

　　1．示值基本误差检定

　　按定义应在检定规程规定的环境条件（主要是指温湿度条件）下进行。进行 1～3 个测量循环后，在数据处理时是取正、负误差最大的作为该仪表的基本误差。

　　温度二次仪表示值基本误差检定均采用比较法——用标准器示值（模拟传感器温度参数）与被检仪表示值进行比较。比较过程可以有两种：对准被检仪表示值读取标准器示值，简称示值基准法；对准标准器示值读取被检仪表示值，简称输入基准法。第一种方法适用于被检仪表分辨力较低或估读误差较大的情况；第二种方法适用于被检仪表分辨力高或被检仪表估读误差可以忽略不计的场合。

2. 回差的检定

模拟指示的仪表，按回差的定义应是同一检定点一个循环有一个回差，三个循环有三个回差，在数据处理时按 GB/T 18271—2017《过程测量和控制装置　通用性能评定方法和程序》的规定，应取三个回差中最大的。

3. 数字仪表的分辨力

按定义只要将仪表通电后，观察其显示值末位的最小变化量就可以确定该仪表的分辨力，无需明示。如果从另一个角度去观察，当改变输入信号使显示值变化一个分辨力时，输入的改变量是否符合分辨力值的要求，这是在考察一台数字仪表整体 A/D 转换的非线性误差。在数字仪表的检定规程中是以实际分辨力是否符合要求来评定的。

4. 具有控制作用仪表的性能指标

具有控制作用的仪表，对温度控制的准确性和稳定性是一个很重要的指标。稳定性指标通常在仪表的定型试验中进行评定，准确性则通过设定点误差（和静差）的检定来评定。

（1）位式作用仪表的设定点误差是以切换中值（上、下切换值的平均值）与设定值之差来衡量的；用于报警的位式控制仪表，设定点误差是以上或下切换值与设定值之差来衡量的。

（2）时间比例作用仪表的设定点误差是以仪表输出的时间比值 $\rho = 0.5$ 时输入值与设定值之差来衡量的。

（3）PID 作用仪表的静差是以仪表输出达到稳定时的输入值与设定值之差来衡量的。

第二节　温度变送器的校准

温度变送器是一种将温度变量转换为可传送的标准化输出信号的仪表，主要用于工业过程温度参数的测量和控制。带传感器的变送器通常由两部分组成：传感器和信号转换器。传感器主要是热电偶或热电阻；信号转换器主要由测量单元、信号处理和转换单元组成（由于工业用热电阻和热电偶的分度表是标准化的，因此信号转换器作为独立产品时也称为变送器），有些变送器增加了显示单元，有些还具有现场总线供能。如图 15-23 所示。

图 15-23　变送器原理框图

变送器如果由两个用来测量温差的传感器组成，则输出信号与温差之间有一给定的连续函数关系，也称为温差变送器。

变送器的输出信号与温度变量之间有一给定的连续函数关系（通常为线性函数），早期生产的变送器其输出信号与温度传感器的电阻值（或电压值）之间呈线性函数关系。

标准化输出信号主要为（0～10）mA 和（4～20）mA 或（1～5）V 的直流电信号。不排除具有特殊规定的其他标准化输出信号。

温度变送器按供电接线方式可分为二线制和四线制。二线制变送器的电源与信号是在同一回路中的，四线制变送器的电源与信号回路是分开的。

变送器有电动单元组合仪表系列的（DDZ-Ⅱ型、DDZ-Ⅲ型和 DDZ-S 型）和小型化模块式的、多功能智能型的。前者均不带传感器；后两类变送器可以方便地与热电偶或热电阻组成带传感器的变送器。电动温度传感器个系列的外部特征见表 15-2。

表 15-2　　　　　　　温度传感器各系列的外部特征

温度变送器	线制	输出	负载电阻
DDZ-Ⅱ系列	四线制接线	（0～10）mA	（0～1.5）kΩ
DDZ-Ⅲ系列	四线制接线	（1～5）V	（0～50）Ω
	二线制接线	（4～20）mA	（250～350）Ω
DDZ-S 系列	二线制接线	（4～20）mA	（250～350）Ω 或（0～600）Ω
小型模块化、智能型	二线制接线	（4～20）mA	（0～600）Ω

一、计量特性

1. 测量误差

变送器的测量误差是将温度转换成标准化输出信号时产生的误差。

（1）不带传感器的变送器（信号转换器）最大允许误差按准确度等级予以划分。在标准条件下，变送器的准确度等级与最大允许误差的关系如表 15-3 所示。

表 15-3　　　　　　　准确度等级及最大允许误差

准 确 度 等 级	最大允许误差（%FS）
0.1	±0.1
0.2	±0.2
0.5	±0.5
1.0	±1.0
1.5	±1.5
2.5	±2.5

注　最大允许误差是以输出量程的百分数表示的。当输入的温度变量与输出信号呈线性函数关系时，最大允许误差也可以以输入量程的百分数表示。

（2）带传感器的变送器最大允许误差由两部分组成：热电阻或热电偶允差和信号转换器允差，是两者绝对值之和。热电阻和热电偶的允差见 JB/T 8622—1997、JB/T 8623—1997 和 GB/T 16839.2—1997。

> 注：带传感器的变送器，在测量范围内的最大允许误差可以折算成温度表示，也可以折算成输入量程的百分数表示。

2. 安全性能

（1）绝缘电阻。在环境温度为（15～35）℃，相对湿度为45%～75%时，变送器各组端子（包括外壳）之间的绝缘电阻应不小于表15-4 的规定。

（2）绝缘强度。在环境温度为（15～35）℃、相对湿度为45%～75%时，变送器各组端子（包括外壳）之间施加表15-5 所规定的试验电压（频率为50Hz），历时1min 应无击穿和飞弧现象。

带传感器的变送器不进行此项试验。

表 15-4　　　　　　　　　绝缘电阻的技术要求

试 验 部 位	技 术 要 求	说 明
输入、输出端子短接-外壳	20MΩ	适用于二线制变送器
电源端子-外壳	50MΩ	适用于四线制变送器
输入、输出端子短接-电源端子	50MΩ	
输入端子-输出端子	20MΩ	只适用于输入、输出隔离的变送器

表 15-5　　　　　　　　　绝 缘 强 度 试 验 电 压

试 验 部 位	试验电压（V）			说 明
	（12～48)V 供电	110V 供电	220V 供电	
输入、输出端子短接-外壳	500	500	500	适用于二线制变送器
电源端子-外壳	500	1000	1500	适用于四线制变送器
输入、输出端子短接-电源端子	500	1000	1500	
输入端子-输出端子	500	500	500	只适用于输入、输出隔离的变送器

二、校准条件

1. 标准器及其他设备

校准时所需的标准仪器及配套设备按被校变送器的类型可从表 15-6 中参考选择。从提高校准能力出发，标准仪器及配套设备引入的扩展不确定度与被校变送器最大允许误差绝对值相比应尽可能小。

2. 环境条件

环境温度为 15～35℃，相对湿度小于 85%。

为保障校准具有尽可能小的不确定度，建议校准应在以下的标准环境条件下进行。这些条件还有利于在用户提出要求时，能给出是否符合仪表计量特性的说明。

（1）环境温度（20±2）℃（0.1 级～0.2 级变送器）；（20±5）℃（0.5 级～2.5 级变送器）。

（2）相对湿度为 45%～75%。

（3）变送器周围除地磁场外，应无影响其正常工作的外磁场。

表 15-6　　　　　　　　　标准仪器及配套设备

序号	仪器设备名称	技术要求	用途	备注
1	直流低电势电位差计或标准直流电压源	0.02 级、0.05 级	校准热电偶输入的变送器（不带传感器）	输出阻抗不大于100Ω
2	直流电阻箱	0.01 级、0.02 级	校准热电阻输入的变送器（不带传感器）	
3	补偿导线和0℃恒温器	补偿导线应与输入热电偶分度号相配，经检定具有 10～30℃ 的修正值 0℃ 恒温器的温度偏差不超过±0.1℃	具有参考端温度自动补偿变送器（不带传感器）校准用的专用连线	0℃恒温器可用冰点槽代替
4	专用连接导线	其阻值应符合制造厂说明书的要求。三线制连接时，线间电阻值之差应尽可能小，在阻值无明确规定时，可在同一根铜导线上等长度（不超过 1m）截取三段导线组成	直流电阻箱与变送器输入端之间的连接导线	

续表

序号	仪器设备名称	技术要求	用途	备注
5	直流电流表	（0～30）mA 0.01 级～0.05 级	变送器输出信号的测量标准	
6	直流电压表	（0～5）V、（0～50）V 0.01 级～0.05 级	直流电压表单独可以作为变送器电压输出信号的测量标准；与标准电阻组合取代直流电流表作为变送器电流输出信号的测量标准	
7	标准电阻	100Ω（250Ω） 不低于 0.05 级		
8	交流稳压源	220V，50Hz，稳定性 1% 功率不低于 1kW	变送器的交流供电电源	
9	直流稳压源	（12～48）V，允差±1%	变送器的直流供电电源	
10	二等铂电阻标准装置或二等水银温度计标准装置	符合 JJG 229—2010 或 JJG 128—2003 中对标准器及配套设备的要求	带热电阻温度变送器校准用的输入标准	
11	一、二等标准铂铑 10-铂热电偶标准装置	符合 JJF1637—2017 或 JJG 141—2013 中对标准器及配套设备的要求	带热电偶温度变送器校准用的输入标准	
12	绝缘电阻表	直流电压 100V，500V 10 级	测量变送器的绝缘电阻	带传感器的变送器用 100V
13	耐电压试验仪	输出电压：交流（0～1500）V 输出功率：不低于 0.25kW	测量变送器的绝缘强度	

三、校准项目和校准方法

1. 校准项目

（1）变送器的校准项目为：测量误差和绝缘电阻的测量。

（2）新制造的不带传感器的变送器还应进行绝缘强度的测量。

（3）对于 DDZ 系列变送器，根据委托者的要求还可以按附录 B 的要求进行负载特性、电源影响和输出交流分量的测量。

2. 校准方法

（1）测量误差的校准：

1）设备配置与连接。

带传感器的变送器将传感器插入温度源（恒温槽或热电偶检定炉）中，并尽可能靠近标准温度计。变送器校准时与标准器及配套设备的连接见附录 A。

2）通电预热。预热时间按制造厂说明书中的规定进行，一般为 15min；具有参考端温度自动补偿的变送器为 30min。

3）校准前的调整（调整须在委托方同意的情况下进行）。不带传感器的变送器可以用改变输入信号的办法对相应的输出下限值和上限值进行调整，使其与理论的下限值和上限值相一致。

对于输入量程可调的变送器，应在校准前根据委托者的要求将输入规格及量程调到规定值再进行上述调整。

带传感器的变送器可以在断开传感器的情况下对信号转换器单独进行上述调整。如测量结果仍不能满足委托者的要求，还可以在恒温槽或热电偶检定炉中重新调整。

在测量过程中不允许调整零点和量程。

注：1. 一般的变送器可以通过调整"零点"和"满量程"来完成调整。

  2. 具有现场总线的变送器，必须按说明书的要求通过手操器（或适配器）分别调整输入部分及输出部分的"零点"和"满量程"来完成调整工作，同时应将变送器的阻尼值调整至最小。

4）校准点的选择。校准点的选择应按量程均匀分布，一般应包括上限值、下限值和量程 50%附近在内不少于 5 个点。0.2 级及以上等级的变送器应不少于 7 个点。

5）带传感器的变送器在校准时测量顺序可以先从测量范围的下限温度开始，然后自下而上依次测量。在每个试验点上，待温度源内的温度足够稳定后方可进行测量（一般不少于 30min）；应轮流对标准温度计的示值和变送器的输出进行反复 6 次读数。按式（15-18）计算测量误差，即

$$\Delta A_t = \overline{A}_d - \left[\frac{A_m}{t_m}(\overline{t} - t_0) + A_0 \right] \qquad (15\text{-}18)$$

式中　ΔA_t——变送器各被校点的测量误差（以输出的量表示），mA 或 V；

　　　$\overline{A}_d$——变送器被校点实际输出的平均值，mA 或 V；

　　　A_m——变送器的输出量程，mA 或 V；

　　　t_m——变送器的输入量程，℃；

　　　A_0——变送器输出的理论下限值，mA 或 V；

　　　$\overline{t}$——标准温度计测得的平均温度值，℃；

　　　t_0——变送器输入范围的下限值，℃。

6）不带传感器的变送器在校准时，应从下限开始平稳地输入各被校点对应的信号值，读取并记录输出值直至上限；然后反方向平稳改变输入信号依次到各个被校点，读取并记录输出值直至下限，如此为一次循环。须进行三个循环的测量。在接近被校点时，输入信号应足够慢，以避免过冲。

注：在对热电偶输入的变送器（具有参考端温度自动补偿）进行校准时，为获得整数的标准输出值，各被校点的输入信号应为被校点对应的电量值减去补偿导线修正值。

测量误差按式（15-19）计算，即

$$\Delta A_t = \overline{A}_d - \left[\frac{A_m}{t_m}\left(t_s + \frac{e}{S_i} - t_0 \right) + A_0 \right] \qquad (15\text{-}19)$$

式中　$\overline{A}_d$——变送器被校点实际输出的平均值，mA 或 V；

　　　A_m——变送器的输出量程，mA 或 V；

　　　t_m——变送器的输入量程，℃；

　　　A_0——变送器输出的理论下限值，mA 或 V；

　　　t_s——变送器的输入温度值，即模拟热电阻（或热电偶）对应的温度值，℃；

　　　t_0——变送器输入范围的下限值，℃。

　　　e——补偿导线修正值，mV；

S_i——热电偶特性曲线各温度测量点的斜率，对于某一温度测量点可视为常数，mV/℃。

7）测量结果的处理。测量误差可以用输出的单位表示，也可以用温度单位表示，或者以输入（或输出）的百分数表示。

由于变送器的输出通常都是温度的线性函数，它们之间的折算可以按式（15-20）进行，即

$$\Delta A_t = \frac{A_m}{t_m} \cdot \Delta t \qquad (15\text{-}20)$$

式中 Δt——以输入的温度所表示的误差，℃。

注：DDZ 系列变送器中有些产品的输出是热电偶毫伏信号（或热电阻的电阻信号）的线性函数。此时，式（15-18）～式（15-20）中的 t 应以毫伏信号（或电阻信号）代替。

（2）绝缘电阻的测量。断开变送器电源，用绝缘电阻表按表15-4规定的部位进行测量，测量时应稳定 5s 后读数。

（3）绝缘强度的测量。断开变送器电源，按表15-5的规定将各对接线端子依次接入耐压试验仪两极上，缓慢平稳地升至规定的电压值，保持 1min，观察是否有击穿和飞弧现象。然后，将电压缓慢平稳地降至零。

注：为保护变送器试验时不被击穿，试验时可使用具有报警电流设定的耐电压试验仪。设定值一般为 5mA（特殊要求除外）。使用该仪器时，以是否报警作为判断绝缘强度合格与否的依据。

3. 数据处理原则

测量结果和误差计算中数据处理原则为：小数点后保留的位数应以修约误差小于变送器最大允许误差的 $\frac{1}{10} \sim \frac{1}{20}$ 为限。

在不确定度的计算过程中，为了避免修约误差，可以保留 2～3 位有效位数。但最终的扩展不确定度只能保留 1～2 位有效数字。测量结果是由多次测量的算数平均值给出，其末位应与扩展不确定度的有效位数对齐。

第十六章 膨胀式温度计

膨胀式温度计是利用物体热胀冷缩的性质与温度固有的关系来测量温度的。利用这种固有关系所做成的温度计称作膨胀式温度计。

膨胀式温度计是一种测温范围广（–200℃～600℃）、使用方便、测温精度高、价格便宜、使用面广的常用测温仪表。膨胀式温度计按所选用的物质不同可分为液体膨胀式温度计（玻璃液体温度计、贝克曼温度计）、气体膨胀式温度计（压力式温度计）和固体膨胀式温度计（双金属温度计）。按准确度可分为标准膨胀式温度计和工作用膨胀式温度计。

第一节 工作用玻璃液体温度计

一、工作原理

工作用玻璃液体温度计是利用在透明玻璃感温泡和毛细管内的感温液体随被测介质温度的变化而热胀冷缩的作用来测量温度的。

单位温度变化引起的物质体积的相对变化可以用平均体膨胀系数 β 来表示，平均体膨胀系数由式（16-1）确定，即

$$\beta = \frac{V_{t2} - V_{t1}}{V_0(t_2 - t_1)} \tag{16-1}$$

式中　V_{t1}、V_{t2}——温度为 t_1 和 t_2 时某物质的体积；

　　　V_0——在 0℃时同一物质的体积。

温度计受热时，不仅感温液要膨胀，玻璃感温泡也要膨胀。感温液膨胀沿毛细管上升，感温泡的膨胀则使感温泡沿毛细管下降，由于感温液的体膨胀系数大于玻璃的体膨胀系数，所以还能从毛细管中观察到感温液的上升（或下降）。感温液在毛细管中的上升或下

降，实际上是感温液的平均体膨胀系数和玻璃平均体膨胀系数之差即液体视膨胀系数，其值可由近似式确定，即

$$\gamma = \beta - \alpha \qquad (16-2)$$

式中　γ ——感温液在玻璃内的视膨胀系数（见表 16-1）；

　　　β ——感温液的平均体膨胀系数；

　　　α ——玻璃的平均体膨胀系数。

玻璃液体温度计中的感温液是用来感受温度变化的，因此感温液必须满足以下条件：

（1）有较高的灵敏度，体膨胀系数要大。

（2）有较宽的温度范围，液体的凝固点温度要低，气化点温度要高。

（3）感温液要纯净，不黏附玻璃。

表 16-1　　　常用感温液体在玻璃中的视膨胀系数

平均温度（℃）	$\gamma(10^{-4}℃^{-1})$							
	硼硅玻璃	其他玻璃						
	水银	水银	汞基合金	戊烷	甲苯	乙醇	煤油	煤油混合液
-180				9				
-120				10				
-80				10	9	10.4		
-40			1.35	12	10	10.4		
0	1.64	1.58		14	10	10.4		
20				15	11	10.4	9.2	
100	1.64	1.58						5.9
200	1.67	1.59						6.8
300	1.74	1.64						
400	1.82							
500	1.95							

用水银做玻璃液体温度计感温液的优点是：在一个标准大气压下，水银在 -38.8～356.6℃温区范围内保持液态；水银的饱和蒸气

压比其他液体低，因此在毛细管中增加较小的压力可以提高温度计的上限；水银易于提纯，凝聚力大，不黏附在毛细管管壁上。所以标准水银温度计和高精密玻璃液体温度计都是用水银做感温液。由于有机液体的凝固点温度比水银低，所以（−30～200）℃温度范围都用有机液体作为感温液。其优点是体膨胀系数比水银大，凝固点温度低，可以着色，读数方便。缺点是有机液体因为体膨胀系数大，所以随温度变化体膨胀系数也变化，尤其在高温时的体膨胀系数比低温时的体膨胀系数显著增大；有机液体不宜提纯，因此会有沉淀物出现；有机液体会黏附在毛细管管壁上，而影响温度计的准确度。

玻璃温度计的玻璃外壳是直接与测量介质接触的，因此它对温度计的质量有很大影响，因为玻璃液体温度计是根据液体的体积膨胀与玻璃的体积膨胀之差来测温的，所以要求玻璃的性能稳定、热变形要小、加工方便、体膨胀系数要小。

玻璃液体温度计的灵敏度与感温泡的大小和毛细管的粗细有关。由式（16-1）可知，当 $t_1 = 0℃$ ℃时，$V_{t1} = V_0$，V_{t2} 用 V_2 表示，t_2 用 t 表示，则有

$$\beta = \frac{V_t - V_0}{tV_0} \tag{16-3}$$

由式（16-3）可知，体膨胀系数就是温度上升 1℃，物体所增加的体积与它在 0℃时的体积之比，反之也可从体膨胀公式计算出当温度升高 1℃时物体所增加的体积占它在 0℃时体积的比例。假设感温液不装在感温泡内，而全部在毛细管内，并令 L_0 表示 0℃时液柱的长度，L_{100} 表示 100℃时液柱的长度，则有

$$\beta_0^{100} = \frac{L_{100} - L_0}{100L_0} \tag{16-4}$$

式中　　β_0^{100}——液体在玻璃内 0～100℃的平均膨胀系数。

式（16-4）可改为

$$L_0 = \frac{1}{\beta_0^{100}} \frac{L_{100} - L_0}{100} \tag{16-5}$$

其中 $\dfrac{L_{100} - L_0}{100}$ 即为温度计上刻度 1℃之长，令其为 L，则有

$$L_0 = \frac{1}{\beta_0^{100}} L \qquad (16\text{-}6)$$

由式（16-5）可知，液体在 0℃的长度 L_0 的大小与温度计上所刻 1℃之长成比例。以水银温度计为例，水银对于玻璃液体温度计玻璃的体膨胀系数很小，所以 β_0^{100} 即为 0.0018℃$^{-1}$，代入式（16-6）得

$$L_0 = \frac{1}{0.00018℃^{-1}} L = 5556L \qquad (16\text{-}7)$$

由于温度计示值是水银的体膨胀系数与玻璃的体膨胀系数之差，所以用视膨胀系数 γ 代替 β 值得

$$L_0 = \frac{1}{0.00016℃^{-1}} L = 6250L \qquad (16\text{-}8)$$

由此可见，每支水银温度计内所装的所有量，在 0℃时约为该温度计的 6000℃左右的体积变化量。换言之，当装在温度计内的水银体积变化量相当于 0℃时体积的 1/6000 时，就代表温度 1℃的变化量。

令毛细管的截面为 S，水银在 0℃时的体积为 V_0，则有

$$V_0 = L_0 S \qquad (16\text{-}9)$$

将式（16-6）和式（16-9）合并得

$$L = \frac{V_0}{S} \beta_0^{100} \qquad (16\text{-}10)$$

由式（16-10）可以看出，玻璃液体温度计的灵敏度与温度计感温泡的大小成正比，与毛细管的内径成反比。增大感温泡虽然可以提高玻璃温度计的灵敏度，但是感温泡过大容易变形且受热时要吸收大量热量而增加玻璃温度计的惰性，尤其是测量小热源时，会因吸热过多而影响测量准确性。另外，缩小毛细管内径也可提高玻璃温度计的灵敏度，但是毛细管过细又会增大液体移动阻力，使玻璃液体温度计的液柱上升时呈现跳动状态，下降时造成停滞现象。同时毛细管过细又会增加玻璃温度计的长度，而使用不方便，所以在制造玻

璃温度计时必须注意温度计的灵敏度、热惰性、几何尺寸等因素。

二、构造和类型

工作用玻璃液体温度计按感温泡与感温液柱所呈的角度可以分为直型和角型温度计，按结构可分为棒式温度计和内标式温度计两种形式（见图16-1）。

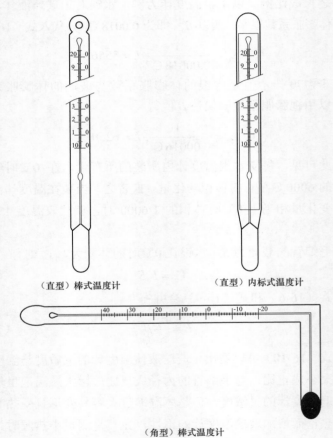

（直型）棒式温度计　　　　　（直型）内标式温度计

（角型）棒式温度计

图 16-1　玻璃液体温度计形式

工作用玻璃液体温度计按分度值可分为高精密温度计和普通温度计两个准确度等级；按用途可分为一般用途玻璃液体温度计、石油产品试验用玻璃液体温度计、焦化产品试验用玻璃液体温度计。

工作用玻璃液体温度计按照分度值及用途的分类见表 16-2。

表 16-2　　工作用玻璃液体温度计按分度值及用途的分类

准确度等级	分度值（℃）	工作用玻璃液体温度计		
		一般用途玻璃液体温度计	石油产品试验用玻璃液体温度计	焦化产品试验用玻璃液体温度计
高精密温度计	0.01，0.02，0.05	高精密玻璃水银温度计	高精密石油用玻璃水银温度计	高精密焦化用玻璃水银温度计
普通温度计	0.1，0.2，0.5，1.0，2.0，5.0	普通玻璃液体温度计	普通石油用玻璃液体温度计	普通焦化用玻璃液体温度计

三、计量性能要求

1. 示值稳定度

温度上限高于 100℃ 且分度值为 0.1、0.05、0.02℃ 和 0.01℃ 的玻璃液体温度计的示值稳定度应符合表 16-3 的要求。

表 16-3　　　　玻璃液体温度计示值稳定度要求

分度值（℃）	0.1	0.05	0.02	0.01
示值稳定度（℃）	0.05	0.05	0.02	0.01

2. 示值误差

（1）一般用途玻璃液体温度计的示值误差应符合表 16-4 的要求。

（2）石油产品和焦化产品试验用玻璃液体温度计的示值误差要求请查阅 JJG 130—2011《工作用玻璃液体温度计》。

3. 线性度

（1）高精密温度计的线性度应不大于相应分度值。

（2）普通温度计的线性度应不大于相应最大允许误差的要求。

四、通用技术要求

1. 刻度与标志

（1）温度计的刻度线应与毛细管的中心线垂直。刻度线、刻度值和其他标志应清晰，涂色应牢固，不应有脱色、污迹和其他影响读数的现象。

表16-4

一般用途玻璃液体温度计最大允许偏差

感温液体	温度计上限或下限所在温度范围（℃）	分度值（℃）																	
		0.01		0.02		0.05		0.1		0.2		0.5		1		2		5	
		全浸	局浸	全浸	局浸	全浸	局浸	全浸	局浸	全浸	局浸	全浸	局浸	全浸	局浸	全浸	局浸	全浸	局浸
有机液体	-100~<-60	—	—	—	—	—	—	±1.0	—	±1.0	—	±1.5	±2.0	±2.0	±2.5	—	—	—	—
有机液体	-60~<-30	—	—	—	—	—	—	±0.6	—	±0.8	—	±1.0	±1.5	±2.0	±2.5	—	—	—	—
有机液体	-30~<100	—	—	—	—	—	—	±0.4	—	±0.5	—	±0.5	±1.0	±1.0	±1.5	±2.0	±3.0	—	—
有机液体	100~200	—	—	—	—	—	—	—	—	—	—	—	—	±1.5	±2.0	±2.0	±3.0	—	—
汞基	-60~<-30	—	—	—	—	—	—	±0.3	—	±0.4	—	±1.0	—	±1.0	—	—	—	—	—
汞基	-30~<100	—	—	—	—	—	—	±0.2	±1.0	±0.3	±1.0	±0.5	±1.0	±1.0	±1.5	±2.0	±3.0	—	—
水银	0~100	±0.05	±0.10	±0.08	±0.10	±0.10	±0.15	—	—	—	—	—	—	—	—	—	—	—	—
水银	>100~150	—	—	—	—	±0.15	±0.20	—	—	—	—	—	—	—	—	—	—	—	—

续表

感温液体	温度计上限或所在温度范围（℃）	分度值（℃）																	
		0.01		0.02		0.05		0.1		0.2		0.5		1		2		5	
		全浸	局浸	全浸	局浸	全浸	局浸	全浸	局浸	全浸	局浸	全浸	局浸	全浸	局浸	全浸	局浸	全浸	局浸
水银	>100~200	—	—	—	—	—	—	±0.4	—	±0.4	±1.5	±1.0	±1.5	±1.5	—	±2.0	±3.0	—	—
	>200~300	—	—	—	—	—	—	±0.6	—	±0.6	—	±1.0	—	±1.5	—	±2.0	±3.0	±5.0	±7.5
	>300~400	—	—	—	—	—	—	—	—	±1.0	—	±1.5	—	±2.0	—	±4.0	±6.0	±10.0	±12.0
	>400~500	—	—	—	—	—	—	—	—	±1.2	—	±2.0	—	±3.0	—	±4.0	±6.0	±10.0	±12.0
	>500~600	—	—	—	—	—	—	—	—	—	—	—	—	—	—	±6.0	±8.0	±10.0	±15.0

注　没有石油产品试验温度计标志或焦化产品试验用玻璃液体温度计标志的玻璃液体温度计按一般用途温度计进行检定；
长尾玻璃液体温度计按一般用途温度计局浸方式进行检定；金属套管式玻璃液体温度计应拆去套管按一般用途温度计局浸方式进行检定；当温度计的量程跨越表16-4中几个温度范围时，则取其中最大的最大允许误差。

（2）在温度计上、下限温度的刻度线以外，应标有不少于该温度计最大允许误差的展刻线。有零点辅助刻度的温度计，在零点刻度线以上和以下的刻度线应不少于 5 条。

（3）相邻两刻线间的距离应不小于 0.5mm，刻线的宽度应不超过相邻刻线间距的 1/10。

（4）内标式温度计刻度板的纵向位移应不超过相邻两刻度线间距的 1/3。毛细管应处于刻度板纵轴中央，应没有明显的偏斜，与刻度板的间距应不大于 1mm。

（5）每隔 10～20 条刻度线应标志出相应的刻度值，温度计的上、下限也应标志相应的刻度值。有零点的温度计应在零点处标志相应的刻度值。

（6）温度计应具有以下标志：表示摄氏度的符号"℃"、制造厂名或商标、制造年月；高精密温度计应有编号；全浸式温度计应有"全浸"标志；局浸式温度计应有浸没标志。

2. 玻璃棒和玻璃套管

（1）玻璃棒和玻璃套管应光滑透明，无裂痕、斑点、气泡、气线或应力集中等影响读数和强度的缺陷。玻璃套管内应清洁，无明显可见的杂质，无影响读数的朦胧现象。

（2）玻璃棒和玻璃套管应平直，无明显的弯曲现象。

（3）玻璃棒中的毛细孔和玻璃套管中的毛细管应端正、平直，清洁无杂质，无影响读数的缺陷。正面观察温度计时液柱应具有最大宽度。毛细孔（管）与感温泡、中间泡及安全泡连接处均应呈圆弧形，不应有颈缩现象。

（4）棒式温度计刻度线背面应熔入一条带颜色的釉带。正面观察温度计时，全部刻度线的投影均应在釉带范围内。

3. 感温泡、中间泡、安全泡

（1）感温泡。棒式温度计感温泡的直径应不大于玻璃棒的直径；内标式温度计感温泡的直径应不大于与其相接玻璃套管的直径。

（2）中间泡。温度计中间泡上端距主刻度线下端第一条刻度线的距离应不少于 30mm。

（3）安全泡。温度计安全泡呈水滴状，顶部为半球形。上限温度在 300℃ 以上的温度计可不设安全泡。无安全泡的温度计，上限刻度线以上的毛细管长度应不小于 20mm。

（4）感温液和感温液柱。水银和汞基合金应纯净、干燥、无气泡。有机液体的液柱应显示清晰、无沉淀。

感温液柱上升时不应有明显的停滞或跳跃现象，下降时不应在管壁上留有液滴或挂色。除留点温度计以外，其他温度计的感温液柱不应中断，不应自流。

五、检定方法

1. 标准器与配套设备

标准器推荐使用二等标准铂电阻温度计，也可以采用标准水银温度计。

当使用二等标准铂电阻温度计时，需配套电测设备。电测设备最小分辨力相当于 0.001℃，引用修正值后的相对误差应不大于 3×10^{-5}；也可使用扩展不确定度不大于被检温度计最大允许误差三分之一的其他设备。

使用恒温槽作为热源。恒温槽的技术要求如表 16-5 所示。

表 16-5　　　　　　　　恒 温 槽 的 技 术 要 求

被检件	温度范围（℃）	温度均匀性（℃）		温度波动性（℃/10min）
		工作区域水平温差	工作区域最大温差	
普通温度计	−100～−30	0.05	0.10	0.10
	>−30～100	0.02	0.04	0.04
	>100～300	0.04	0.08	0.10
	>300～600	0.10	0.20	0.20
高精密温度计	0～100	0.005	0.01	0.01
	>100～150	0.01	0.02	0.02

还应配备水三相点瓶及保温设备、冰点器、读数装置、钢直尺等设备。

2. 环境条件

环境温度在（15～35）℃，同时应满足标准器及配套电测设备相应的环境要求，要满足防止水银外漏污染环境的条件。

3. 检定项目

电厂中一般只执行后续检定和使用中检查。

（1）通用技术要求。温度计应着重检查温度计感温泡和其他部分有无损坏和裂痕等。感温液柱若有断节、气泡或在安全泡、毛细管壁等处留有液滴或挂色等现象，能修复者，经修复后才能检定。

修复方法如表 16-6 所示。

表 16-6　　　　　　　　温度计感温液柱修复方法

方法	具 体 操 作
热接法	将温度计放在热水中或酒精灯附近加热，一直到整体感温液柱与分离部分连接为止。如有气泡存在，需要在安全泡内连接
冷接法	对测量温度较高的温度计应放入低温环境中，使感温液体收缩，并轻轻弹动温度计，使分离部分在感温泡内与整体连接
振动法	在工作台上放置橡胶垫等比较有弹性的物品，沿垂直方向轻轻振动温度计的感温泡，使整体感温液柱与分离部分逐渐连接

（2）示值误差检定。工作用玻璃液体温度计示值误差的检定结果以修正值形式给出，一般用途玻璃液体温度计最大允许误差应符合表 16-4 的规定，石油产品试验用温度计、焦化产品试验用温度计最大允许误差应符合 JJG 130—2011《工作用玻璃液体温度计》的相应要求。

一般用途温度计检定点间隔的规定见表 16-7。当按表 16-7 规定所选择的检定点少于 3 个时，则应选择下限点、上限点和中间有刻度值的点共 3 个温度点进行检定。石油产品试验用温度计、焦化产品试验用温度计检定间隔应符合 JJG 130—2011 的相应要求。

表 16-7　　　　　　　　　一般用途温度计检定点间隔

分度值（℃）	检定点间隔（℃）
0.01	1
0.02	2
0.05	5
0.1	10
0.2	20
0.5	50
1，2，5	100

1）标准温度计和被检温度计应按规定浸没方式垂直插入恒温槽中。标准铂电阻温度计插入深度应至少为 250mm；全浸式温度计露出液柱高度应不超过 10mm；局浸式温度计应按浸没标志要求插入恒温槽中，检定顺序一般以零点为界分别向上限或下限方向逐点进行。检定高精密温度计开始读数时，恒温槽实际温度（以标准温度计为准）偏离检定点应不超过 0.1℃。检定普通温度计开始读数时，恒温槽实际温度偏离检定点应不超过 0.2℃。

2）温度计插入恒温槽中要稳定 10min 以上才可读数，高精密玻璃液体温度计读数前要轻敲。读数时视线应与玻璃温度计感温液柱上端面保持在同一水平面，读取感温液柱上端面的最高处（水银）或最低处（有机液体）与被检点温度刻线的偏差，并估读到分度值的十分之一。先读取标准温度计示值（或偏差），再读取各被检温度计的偏差，其顺序为标准→被检 1→被检 2⋯→被检 n，然后再按相反顺序读数返回到标准。分别计算标准温度计示值（或温度示值偏差）的算术平均值和各被检温度计温度示值偏差的算术平均值。

3）高精密温度计读数四次，普通温度计读数两次。读数要迅速、准确，时间间隔要均匀。一个温度点检定完毕，恒温槽温度变化应符合表 16-5 相应温度波动性的要求。

4）被检温度计零点的示值检定可以在冰点器或恒温槽中用比较法进行。温度计在测量零点前应在冰水中预冷 10min 左右。

5）标准水银温度计应经常在冻制好的水三相点瓶中或在冰点器中测量其零点位置。如果零点位置发生变化，则应使用下式计算出各温度点新的示值修正值，即

新的示值修正值=原证书修正值+（原证书中上限温度检定后的零点位置-新测得的上限温度检定后的零点位置）

6）标准铂电阻温度计在每次使用完后，应在冻制好的水三相点瓶中使用同一电测设备测量其水三相点示值。以新测得的水三相点示值，计算实际温度。

局浸式温度计应在规定的条件下进行检定。如果不符合规定的条件，应对温度计露出液柱的温度进行修正。局浸式温度计露出液柱温度修正的条件和公式见表16-8。

表 16-8　　局浸式温度计露出液柱温度修正的条件和公式

温度计名称	规定条件	不符合条件	示值偏差修正
局浸式高精密温度计	露出液柱平均温度为 25℃①	露出液柱平均温度不符合规定	$\Delta_t = kn(25 - t_1)$　（1） $\delta'_t = \overline{\delta}_t + \Delta_t$
局浸式普通温度计	环境温度为 25℃①	环境温度不符合规定	$\Delta_t = kn(25 - t_2)$　（2） $\delta'_t = \overline{\delta}_t + \Delta_t$

式中　Δ_t——露出液柱温度修正值；

k——温度计中感温液体的视膨胀系数，℃$^{-1}$（见表 16-1）；

n——露出液柱的长度在温度计上相对应的温度（修约到整数），℃；

t_1——辅助温度计测出的露出液柱平均温度，℃；

δ'_t——被检温度计经露出液柱修正后的温度示值偏差，℃；

$\overline{\delta}_t$——被检温度计温度示值偏差的平均值，℃；

t_2——露出液柱的环境温度，℃

①　如果温度计标注有其他温度，以标注温度为准。式中规定的温度也做相应改动。

在检定局浸式高精密温度计时，应将辅助温度计与被检温度计捆绑在一起，使辅助温度计感温泡与被检温度计充分接触，将辅助温度计感温泡底部置于被检温度计露出液柱的下部 1/4 处，测量被检温度计露出液柱的平均温度，并按表 16-8 中的式（1）对温度计

示值偏差进行修正。

在检定局浸式普通温度计时，环境温度应为 25℃。如果环境温度不符合规定，应按表 17.8 中的式（2）对温度计示值偏差进行修正。

在检定局浸式温度计时，温度计应远离运转的空调、风扇等，应使用冷光源照明读数，保证环境温度稳定、均匀。

4. 数据处理方法

数据处理方法见表 16-9。

表 16-9 数 据 处 理 方 法

项目	以标准铂电阻温度计作标准	以标准水银温度计作标准
实际温度偏差	$\delta_{ts}^* = t_s^* - t$	$\delta_{ts}^* = \overline{\delta}_{ts} - \Delta_{ts}$
被检温度计修正值	全浸温度计：$x = \delta_{ts}^* - \overline{\delta}_t$ ；局浸温度计：$x = \delta_{ts}^* - \delta_t'$	

式中 δ_{ts}^* ——实际温度值与被检定点-标称温度值的偏差，℃；

    t_s^* ——实际温度值，℃（依据标准铂电阻温度计检定规程计算实际温度，应使用新测得的水三相点值）；

    t ——被检点标称温度值，℃；

    $\overline{\delta}_{ts}$ ——标准水银温度计示值偏差平均值，℃；

    Δ_{ts} ——标准水银温度计的示值修正值，℃；

    x ——被检温度计修正值，应修约到分度值的 1/10 位，℃

第二节 双 金 属 温 度 计

双金属温度计是一种固体膨胀式温度计，其特点是结构简单、坚固耐振、价格便宜、读数方便。如在温度计上安装特殊的接点装置还可以起到控制温度的作用，测温范围为（−80～500）℃。

双金属温度计是用膨胀系数不同的两种金属（或合金）片牢固结合在一起组成感温元件，一般绕制成螺旋形。其一端固定，另一端（自由端）装有指针（见图 16-2）。当温度变化时，感温元件曲率发生变化，自由端旋转，带动指针在度盘上指示出温度数值。

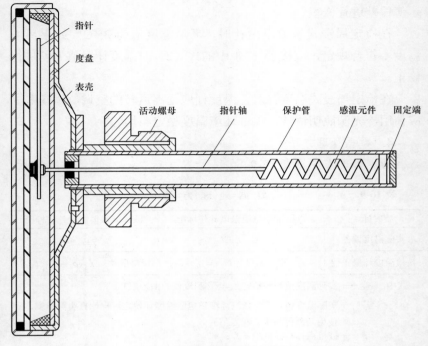

图 16-2 双金属温度计结构

可以调整指示装置与检测元件轴线之间角度 0°～90° 的称为可调角双金属温度计。带缓行开关式电气接触装置的叫电接点双金属温度计。

一、通用技术要求

1. 外观

（1）温度计各部件装配要牢固，不得松动，不得有锈蚀，保护套应牢固、均匀和光洁。

（2）温度计表头所用的玻璃或其他透明材料应保持透明，不得有妨碍正确读数的缺陷或损伤。

（3）温度计度盘上的刻线、数字和其他标志应完整、清晰、正确。

（4）温度计指针应遮盖（伸入）最短分度线的 1/4～3/4。指针指示端宽度不应超过最短分度线的宽度。

（5）温度计指针与度盘平面间的距离应不大于 5mm，但也不应触及度盘。对于可调角双金属温度计，该项检查应在从轴向（或径向）位置到径向（或轴向）位置的全过程中进行。

（6）温度计度盘上应标有制造厂名（或厂标）、型号、出厂编号、国际温标摄氏度的符号"℃"、准确度等级、制造年月，以及计量器具制造许可证标志和编号。电接点温度计还应在度盘或外壳上标明接点额定功率、接点最高工作电压（交流或直流）、最大工作电流、接地端子"⏚"等标志。

2. 绝缘电阻

在环境温度为（15～35）℃、相对湿度小于 85% RH 条件下，电接点温度计的输出端子与接地端子（或外壳）之间，以及各输出端子之间的绝缘电阻应不小于表 16-10 的规定值。

表 16-10　　　　　　　　双金属温度计绝缘电阻要求

额定电压（V）	直流试验电压（V）	绝缘电阻（MΩ）
24DC	100	7
220AC	500	20

二、检定方法

计量器具控制包括：首次检定、后续检定和使用中检验。

1. 标准器

检定温度计的标准器根据测量范围可分别选用二等标准水银温度计、标准汞基温度计、标准铜-铜镍热电偶和二等标准铂电阻温度计。

2. 配套设备

（1）恒温槽，技术性能如表 16-11 所示。

（2）当选用标准铜-铜镍热电偶或选用二等标准铂电阻温度计作标准器时，应选用 0.02 级及以上低电势直流电位差计及配套设备，或同等准确度的其他电测设备。

表 16-11   双金属温度计绝缘电阻要求

恒温槽名称	使用温度范围 （℃）	工作区域最大温差 （℃）	工作区域水平温差 （℃）
酒精低温槽（1）	−80～室温	0.3	0.15
水恒温槽（2）	室温～95	0.1	0.05
油恒温槽（3）	95～300	0.2	0.1
高温槽	300～500	0.4	0.2

注 （1）、（2）、（3）也可选用技术性能相同的其他恒温槽。

（3）冰点槽。

（4）读数放大镜（5～10 倍）。

（5）读数望远镜。

（6）100V 或 500V 的绝缘电阻表。

3. 检定环境条件

（1）温度：（15～35）℃；相对湿度：小于或等于 85%RH。

（2）所用标准器和电测设备工作的环境应符合其相应规定的条件。

4. 检定项目

双金属温度计的检定项目见表 16-12。

表 16-12   双金属温度计检定项目

检定项目	首次检定	后续检定	使用中检验
外观	+	+	+
示值误差	+	+	+
角度调整误差	+	+	+
回差	+	+	+
重复性	+	−	−
设定点误差	+	+	+

续表

检定项目	首次检定	后续检定	使用中检验
切换差	+	+	+
切换重复性	+	-	-
热稳定性	+	-	-
绝缘电阻	+	+	+

注　表中"+"表示必须检定，"-"表示可不检定，也可根据用户要求进行检定。

（1）外观检查。用目力观察温度计应符合通用技术条件中的规定，后续检定和使用中检验的温度计允许有不影响使用和正确读数的缺陷。

（2）绝缘电阻。用额定直流电压为表 16-11 规定值的绝缘电阻表分别测量电接点温度计输出端子之间、输出端子与接地端子之间的绝缘电阻，应符合表 16-11 的规定。

（3）示值误差。温度计的浸没长度应符合产品使用说明书的要求或按全浸检定。首次检定的温度计，检定点应均匀分布在整个测量范围上（必须包括测量上、下限），不得少于四点。有 0℃点的温度计应包括 0℃点；后续检定和使用中检验的温度计，检定点应均匀分布在整个测量范围上（必须包括测量上、下限），不得少于 3 点。有 0℃点的温度计应包括 0℃点。

温度计的检定应在正、反两个行程上分别向上限或下限方向逐点进行，测量上、下限值时只进行单行程检定。

在读取被检温度计示值时，视线应垂直于度盘，使用放大镜读数时，视线应通过放大镜中心。读数时应估计到分度值的 1/10。可调角温度计的示值检定应在其轴向位置进行。

1）0℃点的检定。将温度计的检测元件插入盛有冰、水混合物的冰点槽中，待示值稳定后即可读数。

2）其他各点的检定。将被检温度计的检测元件与标准温度计插入恒温槽中，待示值稳定后进行读数。在读数时，槽温偏离检定点温度不得超过±2.0℃（以标准温度计为准），分别记下标准温度计和被检温度计正、反行程的示值。在读数过程中，当槽温不超过300℃时，其槽温变化不应大于0.1℃；槽温超过300℃时，其槽温变化不应大于0.5℃。电接点温度计在进行示值检定时，应将其上、下限设定指针分别置于上、下限以外的位置上。

温度计的示值误差应符合准确度等级的要求（见表16-13）。

表 16-13　　　双金属温度计准确度等级和最大允许误差

准 确 度 等 级	最大允许误差（量程的%）（℃）
1.0	±1.0
1.5	±1.5
2.0	±2.0
2.5	±2.5
4.0	±4.0

（4）角度调整误差。角度调整误差的检定在室温下进行，可调角温度计从轴向（或径向）位置调整到径向（或轴向）位置的过程中所产生的温度计示值的最大变化量为角度调整误差。

可调角温度计因角度调整引起的示值变化应不超过其量程的 1.0%。

（5）回差。温度计回差的检定与示值检定同时进行（检定点除上限值和下限值外），在同一检定点上正、反行程示值的差值，即为温度计回差。温度计的回差应不大于最大允许误差的绝对值。

（6）重复性。温度计在正或反行程示值检定中，在各检定点上分别重复进行多次（至少三次）示值检定，计算出各点同一行程示值之间的最大差值即为温度计的重复性。

温度计的重复性应不大于最大允许误差绝对值的 1/2。

（7）设定点误差。首次检定的电接点温度计设定点误差的检定应在量程的 10%、50%和90%的设定点上进行。在每个设定点上，以正、反行程为一个循环，检定应至少进行三个循环。

将被测电接点温度计接到信号电路中，然后缓慢改变恒温槽温度（温度变化应不大于1℃/min），使接点产生闭合和断开的切换动作（信号电路接通和断开）。在动作瞬间，读取的标准温度计示值，即为接点正行程和反行程的上切换值和下切换值。如此进行三个循环。

计算上切换值平均值和下切换值平均值的平均值作为切换中值。

设定点误差是由切换中值与设定点温度值之间的差值来确的。电接点温度计其设定点误差应不大于最大允许误差的1～5倍。

后续检定和使用中检验的电接点温度计设定点误差允许只在一个温度点上进行，该设定点温度可根据用户要求而定。

后续检定和使用中检验的电接点温度计在进行设定点误差检定时，允许只进行正、反行程一个循环的试验，以其上切换值和下切换值的平均值作为切换中值，设定点误差是由切换中值与设定点温度值之间的差值来确定。若对检定结果产生疑义需仲裁时，可增加一个循环的试验。计算上切换值平均值和下切换值平均值的平均值作为切换中值，并计算出设定点误差。

（8）切换差。首次检定的温度计，其切换差的检定与设定点误差的检定同时进行，在同一设定点上，上切换值平均值与下切换值平均值之差值即为该点的切换差。电接点温度计，其切换差应不大于最大允许误差绝对值的1.5倍。

后续检定和使用中检验的电接点温度计，在其设定点上，上切换值与下切换值之差值即为切换差，其切换差应不大于最大允许误差绝对值的1.5倍。

（9）切换重复性。首次检定的温度计，分别计算出在同一设定点上所测得的上切换值之间的最大差值和下切换值之间的最大差值，取其中最大值作为切换重复性。

电接点温度计，其切换重复性应不大于最大允许误差绝对值的1/2。

（10）热稳定性。对首次检定的温度计经过示值检定后，将其插入恒温槽中，在上限温度（波动不大于±2℃）持续表 16-14 所规定的时间后，取出冷却到室温，再做第二次示值检定。其示值误差仍应符合最大允许误差的规定。

表 16-14　　　　　　　　双金属温度计热稳定性测试要求

测量上限（℃）	保持时间（h）
300	24
400	12
500	4

（11）被检温度计示值误差的计算。计算式为

被检温度计的示值误差=被检温度计示值−恒温槽实际温度

1）当选用标准铂电阻温度计做标准时，计算式为

被检温度计的示值误差=被检温度计示值−标准铂电阻温度计示值

2）当选用标准铜-铜镍热电偶做标准时。恒温槽实际温度为

$$t' = t + \frac{\Delta e}{(\mathrm{d}e/\mathrm{d}t)_t} = t + \frac{e'_t - e_t}{(\mathrm{d}e/\mathrm{d}t)_t} \qquad (16\text{-}11)$$

式中　e'_t——实测时测得的相应于温度 t 时的热电动势，μV；

　　　e_t——按证书上给出的热电关系式计算的在检定点名义温度 t 时的热电动势 μV；

$(\mathrm{d}e/\mathrm{d}t)_t$——检定点热电动势变化率，μV/℃。

在 0℃以下时有

$$(\mathrm{d}e/\mathrm{d}t)_t = a_1 + 2a_2t + 3a_3t^2$$

其中 a_1、a_2、a_3 为证书上给出的热电关系式的系数。

在 0℃以上时有

$$(\mathrm{d}e/\mathrm{d}t)_t = b_1 + 2b_2t + 3b_3t^2$$

其中 b_1、b_2、b_3 为证书上给出的热电关系式的系数。

示例：选用标准铜镍热电偶作标准，对一支测量范围为 −40～80℃、准确度等级为 1.5 级、分度值为 2.0℃的双金属温度计，

在–40℃点进行检定，计算被检温度计在该点的示值误差。

已知：检定点温度 $t = -40℃$，标准铜-铜镍热电偶在检定点附近实测的热电动势值 $e'_t = 1495\mu V$。由标准热电偶证书可查得

$$e_{-40℃} = -1480\mu V, \quad e_t = a_1 t + a_2 t^2 + a_3 t^3$$

$$a_1 = 38.9964, \quad a_2 = 4.872215 \times 10^{-2}, \quad a_3 = -2.9694 \times 10^{-5}$$

$$\Delta e = e'_t - e_t = -1495\mu V - (-1480)\mu V = -15\mu V$$

$$(de/dt)_t = a_1 + 2a_2 t + 3a_3 t^2 = 35\mu V / ℃$$

恒温槽的实际温度为

$$t' = t + \frac{\Delta e}{(de/dt)_t} = -40 + \frac{-15}{35} = -40.4(℃)$$

已知被检温度计在恒温槽内的示值为–40.8℃，则有

被检温度计的示值偏差=被检温度计示值–恒温槽的实际温度 $= - 0.4℃$

被检温度计测量范围为（–40～80）℃，其量程为 120℃，准确度等级为 1.5 级。可得其最大允许误差为 $\pm 1.9℃$。经计算该被检温度计在–40℃时，其示值误差为–0.4℃，未超出最大允许误差。

第三节 压 力 式 温 度 计

一、工作原理

压力式温度计是依据封闭系统内部工作物质的体积或压力随温度变化的原理工作的，如图 16-3 所示。仪表封闭系统由温包、毛细管和弹性元件组成，温包内充工作介质。在测量温度时，将温包插入被测介质中，受介质温度影响，温包内部工作介质的体积或压力发生变化，经毛细管将此变化传递给弹性元件（如弹簧管），弹性元件变形，自由端产生位移，借助传动机构，带动指针在度盘上指示出温度数值。

压力式温度计根据充入介质的不同，分为气体压力式温度计、蒸汽压力式温度计和液体压力式温度计。压力式温度计的填充物见

表 16-15。

表 16-15 压力式温度计的填充物

性能	感 温 介 质		
	气体	饱和蒸汽	液体
测温范围（℃）	−80～600	−20～200	−40～200
时间常数（s）	80	30	40
填充物	氮气	氯甲烷、氯乙烷、丙酮	二甲苯、水银、甲醇、甘油

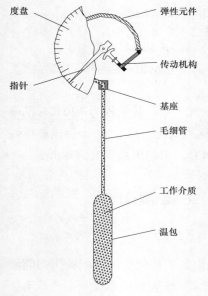

图 16-3 压力式温度计典型结构

压力式温度计的温包是直接感受温度的敏感元件，它关系到仪表的灵敏度。温包材料的导热系数、温包表面积与其体积之比、温包的壁厚，以及毛细管的内径和长度都与压力式温度计的灵敏度有关。因此，要求温包的热惰性要小，如温包的材料热导率越大、温包表面积与其体积之比越大、温包壁越薄（在强度允许条件下），则压力式温度计的灵敏度越高，反之则灵敏度越低。

压力式温度计的毛细管是传递压力的中间环节，它的直径越小、长度越大，传递压力的滞后现象越严重；反之，如毛细管的直径越大、长度越小，则能测量温度的最大距离也越小。所以毛细管的直径太细或太粗，对测量温度都不利。所以一般毛细管的直径采用（0.15～0.5）mm，长度为（20～60）m。

在使用中，压力式温度计的毛细管和弹簧管受环境温度影响会使温度计示值发生变化，为了减少误差，可在仪表内增加补偿机构，用于补偿环境温度对仪表的影响。常用的补偿方法有以下两种：

（1）金属片环境温度补偿机构。利用双金属片受温度变化时，由于两种金属的线膨胀系数不同而使金属片弯曲，利用弯曲程度与温度高低成比例的性质来补偿温度。图 16-4（a）所示为双金属片作温度补偿机构的示意。当环境温度升高时，弹簧管自由端上移，并带动指针逆时针偏转一个角度 $\Delta\theta_1$，同时双金属片也感受到了同样的环境温度变化而变形，并拖动指针顺时针转动一个角度 $\Delta\theta_2$。只要双金属片设计正确，能使 $\Delta\theta_1 = \Delta\theta_2$，就可以起到温度补偿的作用。

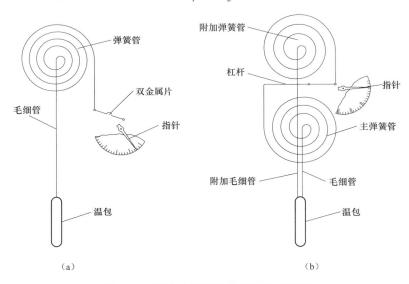

图 16-4　压力式温度计补偿机构示意图

（2）附加弹簧管和毛细管温度补偿机构。图 16-4（b）所示为附加弹簧管和毛细管温度补偿机构的示意图。主毛细管、主弹簧管与温包构成压力式温度计的主体，附加毛细管和附加弹簧管单独形成一个密闭容器，其内部填充的介质必须与主体一样。在结构上主体与附加并置在一起，并通过杠杆连接起来。当环境温度变化时，由于两套机构感受同样的温度变化，但因主弹簧管与附加弹簧管是相反连接，故对指针的影响相互抵消，从而达到温度补偿的目的。

这种补偿机构比较复杂，但效果很好，它不仅可以补偿毛细管和弹簧管的温度误差，而且可以补偿大气压力变化造成的误差。

JJG 310—2002《压力式温度计》适用于测量范围在（−20～+200）℃的圆形标度蒸汽压力式温度计和测量范围在（−80～+600）℃的圆形标度气体压力式温度计，以及完全补偿式液体压力式温度计（以下简称温度计）、附加机械电接点压力式温度计（以下简称电接点温度计）的首次检定、后续检定和使用中检验。

二、通用技术要求

1. 外观

（1）温度计表头用的保护玻璃或其他透明材料应透明，不得有妨碍正确读数的缺陷或损伤。

（2）温度计的各部件应装配牢固，不得松动，不得有锈蚀，不得有显著腐蚀和防腐层脱落现象。

（3）温度计度盘上的刻度、数字和其他标志应完整、清晰、准确。指针应伸入标尺最短分度线的 1/4～3/4 内，其指针尖端宽度不应超过标尺最短分度线宽度。

（4）温度计的指针与度盘平面间的距离应在 1～3mm 的范围之内。

（5）温度计度盘上应标有国际温标摄氏度的符号"℃"、制造厂名（或厂标）、型号及出厂编号、准确度等级、制造年月，以及计量器具制造许可证标志和编号。电接点温度计还应在度盘或外壳上标明：接点额定功率、接点最高电压、交流或直流最大工作电流、接地端子"⏚"标志。

（6）温度计应有加盖封印位置。

（7）温度计在检定过程中指针应平稳移动，不得有显见跳动和停滞现象（蒸汽压力式温度计在跨越室温部分允许指针有轻微的跳动）。

2. 绝缘电阻

在环境温度为（15～35）℃、相对湿度为 45%～75%时，电接点温度计的输出端子之间及输出端子与接地端子之间的绝缘电阻不小于 20MΩ。

三、检定设备

1. 标准器

根据测量范围可分别选用二等标准水银温度计、标准汞基温度计或满足准确度要求的其他标准器。

2. 配套设备

（1）恒温槽技术性能如表 16-16 所示。

表 16-16 　　　　　　　　　恒温槽技术性能要求

恒温槽名称	使用温度范围 （℃）	工作区域水平温差 （℃）	工作区域最大温差 （℃）
酒精低温槽	−80～室温	0.15	0.3
恒温槽	室温～95	0.05	0.1
	95～300	0.1	0.2
	300～600	0.2	0.4

（2）冰点槽。

（3）读数放大镜 5～10 倍。

（4）读数系统。

（5）500V 的绝缘电阻表。

3. 环境条件

（1）检定环境温度为（15～35）℃，湿度不大于 85%。

（2）所用标准器和电测设备工作的环境条件应符合其相应规定的条件。

四、检定项目

温度计的检定项目见表 16-17。

表 16-17 　　　　　　　　　检　定　项　目

检定项目	首次检定	后续检定	使用中检验
外观	+	+	+

续表

检定项目	首次检定	后续检定	使用中检验
示值误差	+	+	+
回差	+	+	+
重复性	+	−	−
设定点误差	+	+	+
切换差	+	+	+
绝缘电阻	+	+	+

注 "+"表示应检定,"−"表示可不检定,也可根据用户要求进行检定。

五、检定方法

1. 外观检查

用目力观察温度计应符合相关标准的规定。温度计在后续检定和使用中检验时允许有不影响使用和正确读数的缺陷。

2. 绝缘电阻

用额定直流电压为 500V 的绝缘电阻表分别测量电接点温度计输出端子之间、输出端子与接地端子之间的绝缘电阻,应符合相关标准的规定。

3. 示值误差

(1) 检定前温度计的表头应垂直安装。

(2) 检定时温度计的温包必须全部浸没,引长管浸没不得小于管长的 1/3~2/3。

(3) 表头和温包之高度差应不大于 1m。

(4) 首次检定的温度计,检定点应均匀分布在整个测量范围上(必须包括测量上、下限),不得少于 4 个点。有 0℃点的温度计应包括 0℃点。

(5) 温度计在后续检定和使用中检验时,检定点应均匀分布在整个测量范围上(必须包括测量上、下限),不得少于 3 个点。有 0℃点的温度计应包括 0℃点。

(6) 温度计的检定应在正、反两个行程上分别向上限或下限方向逐点进行，测量上、下限值时只进行单行程检定。

（7）在读取被检温度计示值时，视线应垂直于度盘，使用放大镜读数时，视线应通过放大镜中心。读数时应估计到分度值的 1/10。

（8）0℃检定时，将温度计的温包插入盛有冰、水混合物的冰点槽或恒温槽中，待示值稳定后即可读数。温度计的示值误差应符合表 16-15 的规定。

（9）其他各点检定时，将被检温度计的温包与标准温度计插入恒温槽中，待示值稳定后进行读数。在读数时，槽温偏离检定点温度不得超过 ±0.5℃（以标准温度计为准），分别记下标准温度计和被检温度计正、反行程的示值。在读数过程中，当槽温不超过 300℃时，其槽温变化不应大于 0.1℃，槽温超过 300℃时，其槽温变化不应大于 0.5℃。电接点温度计在进行示值检定时，应将其上、下限设定指针分别置于上、下限以外的位置上。温度计的示值误差应符合表 16-18 的规定。

表 16-18　　　　　　　　　准确度等级和最大允许误差

准 确 度 等 级	最大允许误差（量程的%）
1.0	±1.0
1.5	±1.5
2.5	±2.5
5.0	±5.0

注　蒸汽压力式温度计的准确度等级是指测量范围后 2/3 部分。

4. 指针移动平稳性

指针移动平稳性检查与示值检定同时进行，温度上升或下降时指针移动应符合相关规程的规定。

5. 回差

温度计回差的检定与示值检定同时进行（测量上限和下限除外），在同一检定点上正、反行程示值误差之差的绝对值，即为温度计回差。温度计的回差应不大于实际最大允许误差的绝对值。

6. 重复性

温度计在正或反行程示值检定中，在各检定点上分别重复进行多次（至少三次）示值检定，计算出各点同一行程示值之间最大差值的绝对值即为温度计的重复性。温度计的重复性应不大于示值最大允许误差绝对值的1/2。

7. 设定点误差、切换差和报警设定点误差

（1）首次检定的电接点温度计应在测量范围内（除测量上限和下限）至少3个设定点上进行，设定点应基本均布在长标度线上。

（2）后续检定和使用中检验的电接点温度计在测量范围内（除测量上限和下限）允许只在一个设定点上进行，设定点应在长标度线上。

（3）将被检电接点温度计温包与标准温度计插在恒温槽中，并将被检电接点温度计的端子接到信号电路中。然后缓慢均匀改变恒温槽温度（温度变化速度应不大于1℃/min），使接点产生闭合和断开的切换动作（信号电路接通或断开）。在动作瞬间，读取的标准温度计示值，即为接点正行程的上切换值或反行程的下切换值。

（4）上切换值和下切换值的平均值为切换中值，切换中值与被检电接点温度计设定指针指示温度的差值，即为设定点误差，电接点温度计其设定点误差应不超过示值最大允许误差的1.5倍；上切换值与下切换值的差值的绝对值，即为切换差，电接点温度计其切换差应不大于实质最大允许误差绝对值的1.5倍。设定点误差和切换差在同一设定点上就接点闭合和断开各检定一次。

（5）电接点完全补偿式液体压力式温度计可根据用户要求只进行报警设定点误差检定，即只进行接点正行程的上切换值或接点反行程的下切换值检定。其上切换值或下切换值与被检电接点温度计设定指针指示温度的差值，即为报警设定点误差。完全补偿式液体电接点压力式温度计其报警设定点误差应不超过示值最大允许误差的1.5倍。

六、检定结果处理

当用二等标准水银温度计、标准汞基温度计作标准器时，被检温度计的示值误差按式（16-12）计算，即

$$y = t - (t' + A)$$ （16-12）

式中　y ——被检温度计示值误差，℃；

　　　t ——被检温度计示值，℃；

　　　t' ——标准器示值，℃。

　　　A ——标准器修正值，℃。

按规程要求检定合格的温度计，出具检定证书；检定不合格的温度计，出具检定结果通知书，并注明不合格项目。

第四篇 计量监督管理

第十七章　热工计量标准的建立

依据《中华人民共和国计量法》和《中华人民共和国计量法实施细则》之相关规定，企业单位根据实际需要，可以建立本单位使用的计量标准器具，其各项最高计量标准器具须经考核合格后方可投入使用。2016 年 6 月 8 日，国务院发布《关于取消一批职业资格许可和认定事项的决定》（国发〔2016〕35 号），要求取消计量检定员资格许可事项。原国家质检总局于 2016 年 9 月 18 日发布《关于取消计量检定员资格许可事项的公告》（2016 第 91 号），"取消计量检定员证，与注册计量师合并实施"。按照国务院"放管服"的精神和要求，取消计量检定员资格许可后，国家法定计量机构和行政授权单位以外的企业单位计量检定人员的管理调整为企业内部自主管理。企业单位应根据本单位工作和管理需求，加强对本单位内部人员的管理，通过内部培训考核方式，确保检定人员具有相应的技术能力。热工计量实验室配置的计量标准、环境设施、设备配置等应按照相应的计量技术规范和电力行业标准 DL/T 5004—2010《火力发电厂试验、修配设备及建筑面积配置导则》的要求执行，以满足对发电厂控制设备和仪表进行检定、校准和检验、调试、维修和维护的需求。

一、热工计量术语和定义

1. 计量标准

具有确定的量值和相关联的测量不确定度，实现给定量定义的参照对象。

2. 计量标准考核

对计量标准测量能力的评定和利用该标准开展量值传递资格的确认。

3. 计量标准的考评

在计量标准考核过程中，计量标准考评专家对计量标准测量能力的评价。

4. 仪器的测量不确定度

由所用测量仪器或测量系统所引起的测量不确定度的分量。

5. 计量标准的准确度等级

在规定工作条件下，符合规定的计量要求，使计量标准的测量误差或不确定度保持在规定极限内的计量标准的等别或级别。

6. 计量标准的测量范围

在规定条件下，由具有一定的仪器不确定度的计量标准能够测量出的同类量的一组量值。

7. 计量标准的最大允许误差

对给定的计量标准，由规范或规程所允许的，相对于已知参考量值的测量误差的极限值。

8. 计量标准的不确定度

在检定或校准结果的不确定度中，由计量标准引入的测量不确定度分量，它包括计量标准器及配套设备所引入的不确定度。

9. 量值溯源

量值溯源是指测量结果通过具有适当准确度的中间环节逐级往上追溯至国家基准的过程。量值溯源是量值传递的逆过程，它使被测对象的量值能与国家基准相联系，从而保证量值的准确、一致。

10. 量值传递

量值传递是指通过检定，将国家基准所复现的计量单位值通过标准器具逐级传递到工作计量器具，以保证对被测对象所测得的量值的准确和一致。

11. 测量精密度

在规定条件下，对同一或类似被测对象重复测量所得示值或测得值间的一致程度。

注：（1）测量精密度通常用不精密程度以数字形式表示，如在规定测量
条件下的标准偏差、方差或变差系数。

（2）规定条件可以是重复性测量条件、期间精密度测量条件或复现
性测量条件。

（3）测量精密度用于定义测量重复性、期间测量精密度或测量复现性。

（4）术语"测量精密度"有时用于指"测量准确度"，这是错误的。

12. 测量重复性

在一组重复性测量条件下的测量精密度。

注：重复性测量条件简称重复性条件，是指相同测量程序、相同操作者、
相同测量系统、相同操作条件和相同地点，并在短时间内对同一或
相类似被测对象重复测量的一组测量条件。

13. 计量标准的稳定性

计量标准保持其计量特性随时间恒定的能力。

注：在计量标准考核中，计量标准的稳定性用计量特性在规定时间间隔
内发生的变化量表示。

14. 计量标准的文件集

关于计量标准选择、批准、使用和维护等方面文件的集合。

二、计量标准器具及配套设备

1. 计量标准器具及配套设备配置

计量标准器及配套设备的配置应当科学合理、完整齐全，并能
满足发电企业生产实际需求。

2. 计量标准的溯源性

计量标准器具量值应溯源至企业最高计量标准或社会公用计量标
准，计量标准器具及配套设备应当有连续、有效的检定或校准证书。

3. 计量标准的计量特性

计量标准器计量特性必须符合相应计量检定规程或技术规范的
规定。

（1）计量标准的测量范围。计量标准的测量范围用该计量标准
所复现的量值或量值范围来表示，根据发电企业实际生产需求，所

选取的计量标准测量范围能够覆盖被测工作计量器具的量程范围。

（2）检定或校准结果的重复性。检定或校准结果的重复性通常用测量结果的分散性来定量表示，即用单次测量结果 y_i 的试验标准差 $s(y_i)$ 来表示。计量标准的重复性通常是检定或校准结果的一个不确定度来源。新建计量标准应当进行重复性试验，并提供试验的数据；已建计量标准，至少每年进行一次重复性试验，测得的重复性应满足检定或校准结果的测量不确定度的要求。

（3）计量标准的稳定性。若计量标准在使用中采用标称值或示值，则稳定性应当小于计量标准的最大允许误差的绝对值；若计量标准需要加修正值使用，则稳定性应当小于修正值的扩展不确定度。新建计量标准一般应当经过半年以上的稳定性考核，证明其所复现的量值稳定可靠后，方能申请计量标准考核；已建计量标准应当保存历年的稳定性考核记录，以证明其计量特性的持续稳定。

4. 热工计量标准装置

发电企业的热工计量标准装置应满足被检定的工作仪表的种类、准确度等级和量程覆盖范围，参照 JJF 1022—2014《计量标准命名与分类编码》，发电厂需要建立的热工计量标准装置见表 17-1。

表 17-1　　　　　　　　　电厂常见热工计量标准

计量标准名称	计量标准分类代码
工作用廉金属热电偶检定装置	04113250
二等铂电阻温度计标准装置	04113803
配热电阻用温度仪表检定装置	04117101
配热电偶用温度仪表检定装置	04117103
0.05 级活塞式压力计标准装置	12414155
精密压力表标准装置	12415100
压力控制器检定装置	12417000
压力表检定装置	12417200
压力变送器检定装置	12417400
0.05 级数字压力计标准装置	12417603
转速标准装置	12714700

5. 热工计量实验室环境设施

热工计量实验室规划应统筹考虑发电企业机组容量、生产规模等因素，可设置在主厂房附近，可以设置在生产综合办公楼内，也可以单独设置。

实验室应远离振动大、灰尘多、噪声大、潮湿或有强磁场干扰的场所。

实验室环境条件要求（如温度、湿度等）应符合相应的检定规程和技术规范的要求。

恒温源间（检定炉、恒温油槽放置的场所）应设通风装置，并设置清洗间。

实验室应配置消防设施，尤其温度计量实验室存在高温设备，应为重点防火场所。

实验室应设置 220V、380V/220V 的电源插座。实验室内所需要的直流 24V 或 48V、交流 110V 或 220V 电源，宜单独由整流调压设备提供。具体环境条件要求见表 17-2。

表 17-2　　　　　　　　计量器具环境条件要求

计量器具名称	环境条件要求
工作用廉金属热电偶	环境温度：（23±5）℃，相对湿度：≤80%
工业铂电阻	环境温度：（15～35）℃，相对湿度：30%～80%
精密压力表	环境温度：（20±2）℃，相对湿度：≤85%
压力控制器	环境温度：（20±5）℃，相对湿度：45%～75%
一般压力表	环境温度：（20±5）℃，相对湿度：≤85%
压力变送器	环境温度：（20±5）℃，相对湿度：≤80%
转速表	环境温度：（23±5）℃，相对湿度：≤85%

第十八章　计量标准的考核

一、准备工作

1. 计量标准新建考核的准备

申请计量标准新建考核，建标单位应完成以下工作：

（1）结合建标单位实际生产需求，确定计量标准的性能要求，设备配置应科学合理，并能满足开展检定或校准工作的需要。

（2）计量标准器及主要配套设备应进行有效溯源。

（3）选择有效的计量检定规程或计量技术规范。

（4）计量标准器及配套设备应正常运行半年以上，并开展计量标准的稳定性考核和检定或校准结果的重复性试验。

（5）计量标准存放的实验室环境条件必须符合开展检定或校准工作的要求，并按要求配置对环境条件进行监测、控制的设施。

（6）应配备至少2名满足检定或校准工作要求的人员，并取得相应检定项目的培训合格证明。

（7）建立并有效运行相应的计量管理体系。

（8）建立计量标准文件集，并保证其完整性、真实性、正确性。

2. 计量标准复查考核的准备

申请计量标准复查考核，建标单位应确认计量标准持续处于正常工作状态，并完成以下工作：

（1）保证计量标准器及主要配套设备的连续、有效溯源。

（2）检定或校准人员能力持续有效。

（3）每年应至少进行一次检定或校准结果的重复性试验。

（4）每年应至少进行一次计量标准的稳定性考核。

（5）及时更新计量标准文件集内的文件和资料。

二、考核申请

1. 计量标准新建考核的申请

申请计量标准新建考核，建标单位应提供以下资料：

（1）"计量标准考核（复查）申请书"原件一式两份。

（2）"计量标准技术报告"原件一份。

（3）计量标准器及主要配套设备有效的检定或校准证书复印件一套。

（4）开展检定或校准项目的原始记录及相应模拟检定或校准证书复印件两套。

（5）检定或校准人员的能力证明复印件一套。

（6）可以证明计量标准具有相应测量能力的其他技术资料（如果适用）复印件一套。

2. 计量标准复查考核的申请

申请计量标准复查考核，建标单位应提供以下资料：

（1）"计量标准考核（复查）申请书"原件一式两份。

（2）"计量标准考核证书"原件一份。

（3）"计量标准技术报告"原件一份。

（4）"计量标准考核证书"有效期内计量标准器及主要配套设备连续、有效的检定或校准证书复印件一套。

（5）计量标准近期开展检定或校准项目的原始记录及相应检定或校准证书两套。

（6）"计量标准考核证书"有效期内"检定或校准结果的重复性试验记录"复印件一套。

（7）"计量标准考核证书"有效期内"计量标准的稳定性考核记录"复印件一套。

（8）检定或校准人员的能力证明复印件一套。

（9）"计量标准更换申报表"（如果适用）复印件一套。

（10）"计量标准封存（或撤销）申报表"（如果适用）复印件一套。

（11）可以证明计量标准具有相应测量能力的其他技术资料（如果适用）复印件一套。

三、考核受理

考核单位对申请资料进行形式审查，审查申请资料是否符合考核的基本要求，确定是否受理。形式审查主要包括以下内容：

（1）申请考核资料应当齐全，申请考核所用表格应当采用附件中规定的格式。

（2）"计量标准考核（复查）申请书""计量标准技术报告"等资料的内容完整，申请单位和主管单位应当填写明确意见，并加盖公章。

（3）计量标准器及主要配套设备检定、校准证书等溯源性证明文件的有效性。

（4）是否具有拟开展检定或校准项目的计量检定规程或计量技术规范。

（5）是否配备至少两名持有本专业检定项目培训合格证明的人员。

形式审查应在 5 个工作日内完成。对于符合受理要求的项目，发放受理通知书；对不符合受理要求的项目，发放不予受理通知书并退回所有申请材料。

四、考评程序

计量标准的考评分为书面审查和现场考评。计量标准新建考评应首先进行书面审查，如果基本条件满足，再进行现场考评。计量标准复查考评以书面审查、现场考评或现场抽查的方式进行。

计量标准的考评应在 60 个工作日内完成（包括整改时间、考评结果复核、审批时间）。

1. 书面审查

书面审查是考评专家通过查阅建标单位提供的资料，确定所建标准是否符合考核要求，并具有相应的测量能力。重点审查内容如下：

（1）计量标准器及主要配套设备的配置是否完整齐全，并满足实际生产需求。

（2）计量标准的溯源性是否符合规定要求。

（3）计量标准的主要计量特性是否符合要求。

（4）原始记录、数据处理、检定或校准证书是否正确、规范。

（5）"计量标准技术报告"填写内容是否齐全、正确，并及时更新。

（6）是否至少有两名持本项目培训合格证明的检定或校准人员。

（7）提供的其他技术资料能否有效证明计量标准具有相应的测量能力。

2. 现场考评

现场考评是考评专家通过现场观察、资料核查、现场试验、现场提问等方法，对计量标准的测量能力进行确认。现场考评以现场试验和现场提问作为考核重点，现场考评的时间根据项目的多少进行确定，一般不超过3～5工作日。

（1）首次会议。首次会议由考评组长主持，考评组全体成员、建标单位主管领导、计量标准负责人和有关人员参加。

首次会议的目的和主要内容如下：

1）考评组成员与建标单位的主管人员和有关人员见面，宣布考评的项目和考评组成员分工。

2）考评组组长明确现场考评的依据、现场考评程序和方法，确认考评日程安排和现场实验的内容以及操作人员名单。

3）建标单位主管领导介绍计量标准的考评准备工作情况。

（2）现场观察。考评专家现场观察试验场所，了解计量标准器及配套设备、实验室环境条件、环境设施等方面情况。

（3）资料核查。考评专家对申请资料真实性、正确性和完整性进行核查。

（4）现场试验。现场试验由检定人员操作被考核计量标准，对考评专家指定的测量对象进行检定或校准。考评专家应对检定或校准操作程序、过程、采用的检定或校准方法进行考评，确认是否达到了申请表所提出的计量检定或校准能力。

（5）现场提问。现场提问的内容包括有关本专业基本理论方面的问题、计量检定规程或计量技术规范中有关问题、操作技能方面的问题，以及其他考核过程中发现的问题。

（6）末次会议。末次会议的目的是通报考核情况，考评组全体成员、建标单位主管领导、计量标准负责人和有关人员参加。由考评组组长报告考评情况，宣布现场考评结论，对需要整改的项目提出计量标准考核整改意见、整改要求和期限。建标单位主管领导或计量标准负责人对考核结果表述意见。

3. 整改

对于存在不符合项和缺陷项的计量标准，建标单位应按照整改要求对存在的问题进行改正和完善，并在 30 个工作日内完成整改工作，考评专家应对不符合项和缺陷项的纠正措施进行跟踪确认。建标单位若无法在规定时间内完成整改工作，视为自动放弃，考评专家可确认考评不合格。

4. 考评结果的处理

根据书面审查、现场考评情况，考评组组长或考评专家应正确填写"计量标准考核报告"，在相应栏目上签署考评意见及结论。

计量标准器具考核程序流程见图 18-1。

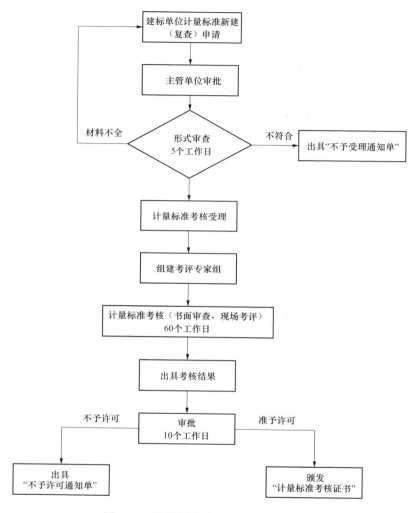

图 18-1 计量标准器具考核程序流程图

第十九章　建标过程中的技术问题

一、计量标准的稳定性

计量标准的稳定性为计量标准保持其计量特性随时间恒定的能力。计量标准的稳定性应包括计量标准器的稳定性和配套设备的稳定性，若计量标准可以测量多类参数，应对每类参数分别进行稳定性考核。稳定性考核方法通常包括采用核查标准考核方法和采用高等级的计量标准考核方法。

1. 采用核查标准考核方法

用于日常验证测量仪器或测量系统性能的装置称为核查标准或核查装置。在进行计量标准的稳定性考核时，应选择量值稳定的被测对象作为核查标准。

对于新建计量标准，每隔一段时间（一般大于 1 个月），用该计量标准对核查标准进行 1 组重复性测量，取算数平均值作为该组测得值。共进行不少于 4 组测量，取各组测得值中最大值和最小值之差，则该计算值为该计量标准在该核查周期内的稳定性。

对于已建计量标准，每年至少进行 1 次稳定性试验，以相邻两年的测得值之差作为该计量标准在该核查周期内的稳定性。

2. 采用高等级的计量标准考核方法

该方法适用于被考核计量标准为建标单位的次级计量标准。

对于新建计量标准，每隔一段时间（一般大于 1 个月），用高等级的计量标准对新建计量标准进行 1 组重复性测量，取算数平均值作为该组测得值。共进行不少于 4 组测量，取各组测得值中最大值和最小值之差，则该计算值为该计量标准在该稳定性考核周期内的稳定性。

对于已建计量标准，每年至少 1 次用高等级的计量标准对已建计量标准进行 1 组重复性测量，以相邻两年的测得值之差作为该计量标准在该稳定性考核周期内的稳定性。

3．采用控制图法

控制图是对测量过程是否处于统计状态的一种图形记录。它能判断测量过程中是否存在异常因素并提供相关信息，以便查明产生异常的原因，并采取措施使测量过程重新处于统计控制状态。

采用此方法时，用被考核计量标准对一个量值稳定的核查标准作连续的定期观测，并对测得结果进行统计分析，得到统计控制量的变化情况，以判断该计量标准是否处于统计控制状态。

控制图的分类如下：

根据控制对象的数据性质，即所采用的统计控制量来分类，在测量过程控制中常用的控制图有"平均值-标准偏差控制图"（$\bar{x} - s$ 图）和"平均值-极差控制图"（$\bar{x} - R$ 图）。

控制图通常均成对地使用，平均值控制图主要用于判断测量过程中是否受到不受控的系统效应的影响。标准偏差控制图和极差控制图主要用于判断测量过程是否受到不受控的随机效应的影响。

标准偏差控制图比极差控制图具有更高的检出率，但由于标准偏差要求重复测量次数 $n \geqslant 10$，对于某些计量标准可能难以实现。而极差控制图一般要求 $n \geqslant 5$，因此在计量标准考核中推荐采用平均值-标准偏差控制图，也可以采用平均值-极差控制图。

根据控制图的用途，可以将其分为分析用控制图和控制用控制图两类。

（1）分析用控制图。用于对已经完成的测量过程或测量阶段进行分析，以评估测量过程是否稳定或处于受控状态。

（2）控制用控制图。对于正在进行中的测量过程，可以在进行测量的同时进行过程控制，以确保测量过程处于稳定受控状态。

　　具体建立控制图时，应首先建立分析用控制图，确认过程处于稳定受控状态后，将分析用控制图的时间界限延长，于是分析用控制图就转化为控制用控制图（见图 19-1）。

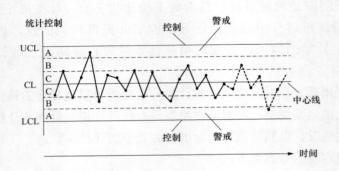

图 19-1　控制图的样式

　　建立控制图的方法和异常判断准则见 GB/T 4091—2001《常规控制图》和 ISO 8258:1991《休哈特控制图》。

　　测量过程异常的判断准则如下：

　　控制图异常主要表现形式可以分为测量点超出控制界限和测量点的分布不随机。现行的国际标准（ISO 8258：1991）和国家标准（GB/T 4091—2001）总结了常见的测量过程异常的 8 种分布模式，从而给出了对应的 8 种异常判据。

　　如果平均值控制图出现异常，则表明测量过程受到不受控的系统效应的影响。而若标准偏差控制图或极差控制图出现异常，则表明测量过程是否受到不受控的随机效应的影响。

　　控制图方法适用于以下计量标准的稳定性考核：

　　（1）准确度等级较高且重要的计量标准。

　　（2）核准标准量值稳定。

　　（3）比较容易进行多次重复测量。

　　4. 采用计量标准器的稳定性考核结果的方法

　　将计量标准每年溯源的检定或校准数据，制成计量标准器的稳定性考核记录，作为证明计量标准量值稳定的依据。

二、检定或校准结果的重复性

检定或校准结果的重复性是指在重复性测量条件下，用计量标准对常规被测对象重复测量所得示值或测得值间的一致程度。通常用单次检定或校准结果 y_i 的试验标准差 $s(y_i)$ 来表示，检定或校准结果的重复性通常是检定或校准结果的重要不确定度来源之一。

在重复性测量条件下，用计量标准对被测对象进行 n 次独立重复测量，得到测得值 y_i（$i = 1$，2，3，…，n），则重复性试验标准差 $s(y_i)$ 为

$$s(y_i) = \sqrt{\frac{\sum_{i=1}^{n}(y_i - \overline{y})^2}{n-1}} \qquad (19\text{-}1)$$

式中　$\overline{y}$ ——n 个测得值的算数平均值；

　　　n ——重复测量次数，一般不少于 10 次。

被测对象对测得值的分散性有影响，特别是当被测对象为非实物量具时，该影响应包含在检定或校准结果的重复性之中。在测量不确定度评定中，当检定或校准结果由单次测量得到时，由公式（19-1）计算得到检定或校准结果的重复性直接就是检定或校准结果的一个不确定度分量。

由于被测对象也会对测量结果的分散性有影响，特别是当被测对象是非实物量具的测量仪器时。因此，计算得到的分散性通常比计量标准本身所引入的分散性稍大。在测量结果的不确定度评定中，当测量结果由单次测量得到时，它直接就是由重复性引入的不确定度分量。当测量结果由 N 次重复测量的平均值得到时，由重复性引入的不确定度分量为 $\dfrac{s(y_i)}{\sqrt{N}}$。

被测对象的分辨力是影响检定或校准结果的重复性的因素之一。在测量不确定度评定中，应比较重复性引入的不确定度分量和

被测对象分辨力引入的不确定度分量，取两者较大者用于不确定度评定计算。

对于常规的计量检定或校准，当无法满足 $n \geqslant 10$ 时，为使得到的试验标准差更可靠，如果有可能，建议采用合并样本标准差 s_p，其计算公式为

$$s_p = \sqrt{\frac{\sum\limits_{j=1}^{m}\sum\limits_{k=1}^{n}(y_{kj} - \overline{y}_j)^2}{m(n-1)}} \tag{19-2}$$

式中　m——测量的组数；

　　　n——每组包含的测量次数；

　　　y_{kj}——第 j 组中第 k 次的测量结果；

　　　$\overline{y}_j$——第 j 组测量结果的平均值。

对于新建计量标准，检定或校准结果的重复性应直接作为不确定度来源用于不确定度评定计算中。对于已建计量标准，如果测得重复性不大于新建计量标准时测得的重复性，则重复性符合要求；如果测得重复性大于新建计量标准时测得的重复性，则应根据新测得的重复性重新进行不确定度评定。如果评定结果满足开展检定或校准项目的要求，则重复性试验符合要求，反之重复性试验不符合要求。

三、测量不确定度的评定

1. 评定方法

测量不确定度评定方法一般依据 JJF 1059.1《测量不确定度评定与表示》；根据计量标准的实际情况，也可采用 JJF 1059.2《用蒙特卡洛法评定测量不确定度》。

2. 评定步骤

评定步骤如下：

（1）明确被测量，列出全部影响测量不确定度的影响量，并给出测量数学模型。

（2）评定各个输入量 x_i 的标准不确定度 $u(x_i)$。

（3）计算各个输入量 x_i 的灵敏系数 c_i，根据评定 $u(x_i)$ 计算各个输入量 x_i 对应的不确定度分量 $u_i(y) = |c_i| u(x_i)$。

（4）计算合成标准不确定度 $u_c(y) = \sqrt{u^2(x_1) + u^2(x_2) + \cdots + u^2(x_i) + \cdots u(x_n)^2}$。

（5）列出不确定度分量的汇总表，表中应给出每一个不确定度分量的详细信息。

（6）估计被测量 y 的分布，并根据所要求的包含概率 p 确定包含因子 k。

（7）计算扩展不确定度 $U = k u_c(y)$。

3．评定过程说明

测量不确定度评定的简要过程应包括对被测量的简要描述、测量模型、不确定度分量汇总表、被测量分布的判定、包含因子的确定、合成标准不确定度的计算、最终给出的扩展不确定度。当计量标准可以测量多种被测对象时，应分别评定不同种类被测对象的测量不确定度；当计量标准可以测量多种参数时，应分别评定每种参数的测量不确定度；当测量范围内不同测量点的不确定度不相同时，原则上给出每个测点的不确定度，或用计算公式表示测量不确定度，或分段给出测量不确定度。

由于被检定或被校准的测量仪器通常具有一定的测量范围，因此检定和校准工作往往需要在若干个测量点进行，原则上对于每一个测量点，都应给出测量结果的不确定度。

如果检定或校准的测量范围很宽，并且对于不同的测量点所得结果的不确定度不同，检定或校准结果的不确定度可用下列两种方式之一来表示：

（1）在整个测量范围内，分段给出其测量不确定度（以每一分段中的最大测量不确定度表示）。

（2）对于校准来说，如果用户只在某几个校准点或在某段测量范围使用，也可以只给出这几个校准点或该段测量范围的测量不确定度。

无论用上述何种方式来表示，均应具体给出典型值的测量不确定度评定过程。如果对于不同的测量点，其不确定度来源和数学模型相差甚大，则应分别给出它们的不确定度评定过程。

视包含因子 k 取值方式的不同，在各种技术文件（包括测量不确定度评定的详细报告、技术报告，以及检定或校准证书等）中最后给出的测量不确定度应采用下述两种方式之一表示：

（1）扩展不确定度 U。当包含因子的数值不是由规定的置信概率 p 并根据被测量的分布计算得到，而是直接取定时，扩展不确定度应当用 U 表示。在此情况下一般均取 $k=2$。

在给出扩展不确定度 U 的同时，应同时给出所取包含因子 k 的数值。在能估计被测量接近于正态分布，并且能确保有效自由度不小于 15 时，还可以进一步说明，"估计被测量接近于正态分布，其对应的置信概率约为 95%"。

（2）扩展不确定度 U_p。当包含因子的数值是由规定的置信概率 p 并根据被测量的分布计算得到时，扩展不确定度应该用 U_p 表示。当规定的置信概率 p 分别为 95% 和 99% 时，扩展不确定度分别用 U_{95} 和 U_{99} 表示。置信概率 p 通常取 95%，当采用其他数值时应注明其来源。

在给出扩展不确定度 U_p 的同时，应注明所取包含因子 k_p 的数值，以及被测量的分布类型。若被测量接近于正态分布，还应给出其有效自由度。

四、检定或校准结果的验证

检定或校准结果的验证是指对给出的检定或校准结果的可信程度进行试验验证。由于验证的结论与测量不确定度有关，因此验证的结论在某种程度上同时也说明了所给出检定或校准结果的不确定度是否合理。

（1）传递比较法。用被考核的计量标准测量一稳定的被测对象，然后将该被测对象用另一更高级的计量标准进行测量。若用被考核计量标准和高一级计量标准进行测量时的扩展不确定度（U_{95} 或 $k=2$ 时的 U，下同）分别为 U_{lab} 和 U_{ref}，它们的测量结果分别为 y_{lab} 和 y_{ref}，则在两者的包含因子近似相等的前提下应满足

$$|y_{lab} - y_{ref}| \leqslant \sqrt{U_{lab}^2 + U_{ref}^2} \tag{19-3}$$

当 $U_{ref} \leqslant \dfrac{U_{lab}}{3}$ 成立时，可忽略 U_{ref} 的影响，此时式（19-3）成为

$$|y_{lab} - y_{ref}| \leqslant U_{lab} \tag{19-4}$$

（2）比对法。如果不可能采用传递比较法，则可采用多个实验室之间的比对。假定各实验室的计量标准具有相同准确度等级，此时采用各实验室所得到的测量结果的平均值作为被测量的最佳估计值。

当各实验室的测量不确定度不同时，原则上应采用加权平均值作为被测量的最佳估计值，其权重与测量不确定度有关。但由于各实验室在评定测量不确定度时所掌握的尺度不可能完全相同，故仍采用算术平均值 $\bar{y}$ 作为参考值。

若被考核实验室的测量结果为 y_{lab}，其测量不确定度为 U_{lab}，在被考核实验室测量结果的方差比较接近于各实验室的平均方差，以及各实验室的包含因子均相同的条件下，应满足

$$|y_{lab} - \bar{y}| \leqslant \sqrt{\frac{n-1}{n}} U_{lab} \tag{19-5}$$

传递比较法是具有溯源性的，而比对法则并不具有溯源性，因此检定或校准结果的验证原则上应采用传递比较法。只有在不可能采用传递比较法的情况下才允许采用比对法进行检定或校准结果的验证，并且参加比对的实验室应尽可能多。

五、计量标准的量值溯源和传递框图

根据与所建计量标准相应的国家计量检定系统表，画出该计量标准溯源到上一级计量器具和传递到下一级计量器具的量值溯源和传递框图。计量标准的量值溯源与传递框图格式见图 19-2。

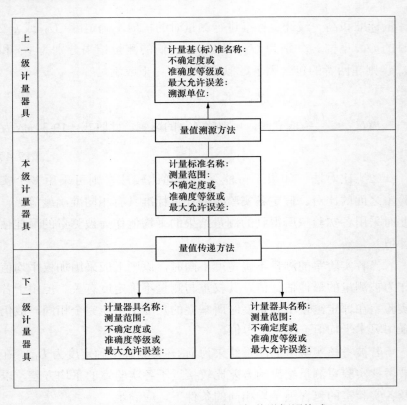

图 19-2 计量标准的量值溯源与传递框图格式

第二十章 电厂热工计量常用原始记录格式

　　原始记录是计量检定过程及检定结果信息的真实记录，同时也是计量器具测量值的反映，能够为检定结果提供客观依据。原始记录是检定过程与结果的凭证，原始记录的质量对编制证书或报告的质量有直接的影响。因此，在工作中务必重视原始记录的准确性。

　　原始记录需要按照计量检定系统表、规程，以及相关的规范性技术文件进行适合的编制。一旦有形式规范，在使用方面将会非常方便，在控制方面也非常方便。在记录中要对检定环境，例如温度、湿度，以及相应的电源、电压情况都进行记录，这样才能保证计量的准确性。

　　原始记录在记录过程中对计量准备器及主要的辅助设备的名称、型号都要进行重视，对检定数据、检定结果、检定日期、检定人员等都要进行记录，原始记录的完整性才能保证检定证书的准确性。原始记录和检定证书都要做到结论明确、数据准确、字迹清晰。检定人员和核对人员要在原始记录以及检定证书上签字，并且填写检定日期和检定有效期。

　　表 20-1～表 20-5 所示为发电企业常用的原始记录格式。

表 20-1

压力控制器原始记录格式

1号机组	检修类型	大修 扩大性小修 小修 周检 新购	型号规格		设定点 (值)范围		计量器具分类		准确度等级	
			制造厂		外观检查	合格□　不合格□	测点名称		出厂编号	
					工作介质	水□　变压器油□ 煤油□	环境温度	℃　相对湿度　%	A类□　B类□ C类□	
			开关方向	上√　下			准确度等级（　）		检定证书号	
					出厂编号				切换差调至最大（　）	

标准器	型号		测量范围		准确度等级（　）	
调校前记录（　）	上切换值	平均值	重复性(%)	下切换值	平均值	重复性(%)
设定点 （　）						
切换差调至最小（切换差不可调）（　）	上切换值	平均值	重复性(%)	下切换值	平均值	重复性(%)
设定点 （　）						

续表

检定项目	设定点偏差	设定点控制上切换值	设定点控制下切换值
	切换差	检定结果	绝缘电阻
检定项目	设定点偏差	重复性	切换差	绝缘电阻
允许值				
实际值				
鉴定结论	合格		符合级	

调修记录：外观检查、卫生清理、绝缘测试

检定依据：

检定证书编号：

检定：　　　　核验：　　　　检定日期：

压力变送器原始记录格式

表20-2

2号机组			
检修类型	大修	扩大性小修	型号规格	制造厂
	小修	周检	外观检查	测点名称
	新购		合格 □　不合格 □	
	测量范围		测量范围	出厂编号	计量器具分类
			输出信号范围	准确度等级　A类□　B类□　C类□
			环境温度　　℃　；　相对湿度　　%
标准器型号	准确度等级		出厂编号	检定证书号

续表

检定点 (MPa)	标准输出 (mA)	调校前输出 (mA)		检修后输出 (mA)		基本误差 (mA)		回程误差 (mA)
		上升	下降	上升	下降	上升	下降	

密封性检查：平稳地升压（或疏空），使变送器测量室压力达到测量上限后停止加压，密封15min，在最后5min内通过压力表观察，其压力下降（或上升）不得超过测量上限值的2%；差压变送器连通高低压室，同时引入额定工作压力进行观察

调修记录：

允许值	实际值

检定结果

检定项目	允许值	实际值
基本误差 (mA)		
回程误差 (mA)		
绝缘电阻 各端子及外壳之间 (MΩ)	≥20	

结　论：□合格　□不合格
符合　　　　　级

检定依据：JJG 882—2019《压力变送器检定规程》

检定：　　　　核验：　　　　检定日期：

检定证书编号：

表 20-3　　弹簧管式压力、真空表原始记录格式

4号机组	检修类型	大修		型号规格			准确度等级		最小分度值	
		扩大性小修		制造厂				出厂编号		A 类□ B 类□ C 类□
		小修		外观检查	合格□	不合格□	计量器具分类			环境温度　℃
		抽　检		测点名称			工作介质　空气□　变压器油□　蓖麻油□			相对湿度　%
		新　购								
标准器型号			测量范围		准确度等级		出厂编号		检定证书号	
标准压力（MPa）	被检表轻敲后的示值（调校前记录）（MPa）		被检表轻敲后的示值（检修后记录）（MPa）		轻敲指针变动量（MPa）		基本误差（MPa）		回程误差（MPa）	
	升压	降压	升压	降压	升压	降压	升压	降压		

续表

调修记录:

结论: 合格　级
符合

检定依据: JJG 52—2013《弹簧管式一般压力表、压力真空表和真空表》

检定项目	检定结果（MPa）	
	允许值	实际值
基本误差		
回程误差		
轻敲变动量		

检定证书编号:

检定: 　核验: 　检定日期:

表20-4　廉金属热电偶原始记录格式

检定记录编号:

级别: 　编号: 　标准器证书值（mV/Ω）

分度号: 　测量装置号: 　室温: 　RH:

项目		标准（mV/Ω）	测量值（mV）
被检热电偶号			
送检单位			
	1		
	2		
	3		

标准等级:

检定点（℃）	分度表值（mV）	微分热电势（mV/℃）	标准器证书值（mV/Ω）

续表

允差（℃）			
标准分度号及等级	/	等	
参考端温度（℃）		与检定点之差（℃）	
实际值（mV）			4
			平均
误差（℃）			1
			2
			3
允差（℃）			4
			平均
标准分度号及等级	/	等	
参考端温度（℃）		与检定点之差（℃）	
实际值（mV）			1
误差（℃）			2
			3

续表

		与检定点之差（℃）				
允差（℃）						
标准分度号及等级	/	等				
参考端温度（℃）						
实际值（mV）						
误差（℃）		4	平均			

		与检定点之差（℃）				
允差（℃）			1	2	3	
标准分度号及等级	/	等				
参考端温度（℃）						
实际值（mV）			4	平均	—	—
误差（℃）						

检定结果

检定员: 复核员: 日期:

日期:

表 20-5

工业用热电阻原始记录格式

记录编号：

标准名称：　　　　　级别：　　　　　编　号：　　　　　使用设备：　　　　　分度号：

R^*（tp）：　　　　　W^*（100℃）：　　　　　检定地点：　　　　　室温：　℃　　RH　%

检定点（℃）	分度表值（Ω）	微分热电阻（Ω）	标准热电阻证书值（Ω）	项目	被检热电阻号 标准（Ω）	测量值（Ω）
				1		
				2		
				3		
				4		
允差（℃）						
				1		
				2		
				3	—	
				4		
				6		
允差（℃）				1		
				2	—	
				3		
				4		

续表

项目				
允差（℃）				
平均值（Ω）	（0℃）			
	（75℃）			
	（100℃）			
温偏（℃）	（0℃）			
	（75℃）			
	（100℃）			
R_0（Ω）				
R_{75}（Ω）				
R_{100}（Ω）				
α				
$\triangle\alpha$				
稳定度检查				
送检单位				
制造厂家				
型号规格				
检定结果				

检定员：　　　　　日期：　　　　　复核员：　　　　　日期：

附录 A　温度变送器校准时设备连接方式

A.1　输出部分的连接

A.1.1　二线制电动温度变送器

输出部分连接见图 A.1。

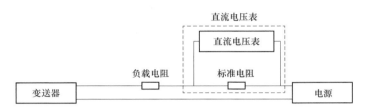

图 A.1　二进制电动温度变送器输出部分的连接

A.1.2　四线制电动温度变送器（见图 A.2）

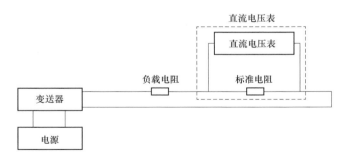

图 A.2　四进制电动温度变送器输出部分的连接

A.2　变送器不带传感器时输入部分的连接

A.2.1　热电偶输入的变送器

具有参考端温度自动补偿时，应采用补偿导线法，按图 A.3

接线。

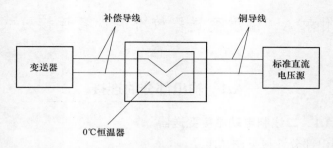

图 A.3 补偿导线法测量接线示意图

不具有参考端温度自动补偿时，按图 A.4 接线。

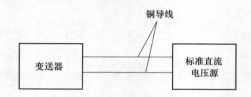

图 A.4 不具有参考端温度自动补偿时的测量接线示意图

A.2.2 热电阻输入的变送器

三线制热电阻输入的变送器，校准时可按图 A.5 接线。

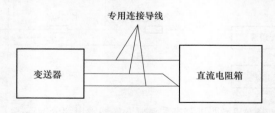

图 A.5 热电阻输入的变送器的测量接线示意图

附录 B　DDZ 系列和模块式温度变送器影响计量特性的有关要求和测量方法

B.1　负　载　特　性

当负载电阻在允许的范围内变化时，变送器输出的变化应满足制造厂规定的要求。其中，DDZ 系列电动变送器负载电阻在表 B.1 规定的范围内变化时，变送器输出的下限值及量程变化不应超过允许误差的绝对值，而模块式变送器不应超过输出量程的 0.1%。

表 B.1　　DDZ 系列电动温度变送器负载电阻的变化范围

变送器类型	负载电阻的变化范围（Ω）	输出形式
DDZ-Ⅱ 系列	0～1500	四线制，0～10mA 输出
DDZ-Ⅲ系列	0～50	四线制，1～5V 输出
	250～350	二线制，4～20mA 输出
DDZ-S 系列	250～350	二线制，4～20mA 输出
	0～600	四线制，4～20mA 输出
模块式	250～350	二线制，4～20mA 输出
	0～500	四线制，4～20mA 输出

测量方法为：将负载电阻置于变化范围的上限值，分别输入测量范围的下限值和上限值信号，记录对应的输出下限值和上限值。然后改变负载电阻至变化范围的下限值，再分别输入测量范围的下限值和上限值信号，并记录相应的输出下限值和上限值。依据两组输出的上、下限值，计算负载电阻变化引起的变送器输出下限值变化和量程变化。

B.2 电源影响

当电源电压在允许的范围内变化时，变送器输出的变化应满足制造厂固定的要求。其中，DDZ 系列电动温度变送器的电源电压在表 B.2 规定的范围内变化时，变送器输出的下限值及量程变化不应超过允许误差的绝对值，而模块式温度变送器不应超过允许误差绝对值的 1/2（除 0.1 级以外）。

测量方法为：将电源电压调至额定值，分别输入测量范围的下限值和上限值，记录相应的输出下限值和上限值。然后改变电源电压至变化范围的下限值和上限值，再分别输入测量范围的下限值和上限值，并记录相应的输出下限值和上限值。依据变送器三组输出的上、下限值，计算电源电压由额定值变化至下限值和上限值所引起的变送器输出下限值变化和量程变化。

表 B.2　DDZ 系列电动温度变送器电源电压的变化范围

变送器类型	电源电压的变化范围	输出形式
DDZ-Ⅱ系列	187~242V	四线制，交流电压，额定电压为 220V
DDZ-Ⅲ系列	187~242V	四线制，交流电压，额定电压为 220V
	22.8~25.2V	二线制，直流电压，额定电压为 24V
DDZ-S 系列	21.6~26.4V	二线制，直流电压，额定电压为 24V
模块式	21.6~26.4V	二线制，直流电压，额定电压为 24V

B.3 输出交流分量

电动温度变送器输出交流分量应满足制造厂规定的要求。其中，DDZ 系列电动温度变送器和模块式温度变送器对输出交流分量的要求见表 B.3。

测量方法为：在输出为量程的 10%，50%，90%时，分别用交流电压表在表 B.3 规定的部位两段侧梁其交流电压的有效值。

表 B.3　　　　**DDZ 系列电动温度变送器和模块式**

温度变送器输出交流分量允许值

变送器类型	交流分量允许值	输出形式及测量部位
DDZ-Ⅱ系列	20mV	四线制，电流输出，在200Ω 负载电阻上测得
DDZ-Ⅲ系列	40mV	四线制，电压输出，在输出端子上测得
	150mV	二线制，电流输出，在250Ω 负载电阻上测得
DDZ-S 系列	150mV	二线制，电流输出，在250Ω 负载电阻上测得
模块式	40mV	电流输出，在250Ω 负载电阻上测得

参 考 文 献

[1] JJF 1007—2007，温度计量名词术语及定义［S］. 北京：中国计量出版社，2008.

[2] 国家质量监督检验检疫总局计量司. 温度计量［M］. 北京：中国计量出版社，2007.

[3] 金志军，付志勇. 温度计量器具建标指南［M］. 北京：中国质检出版社，2019.

[4] JJG 229—2010，工业铂、铜热电阻［S］. 北京：中国计量出版社，2010.

[5] JJF 1059.1—2012，测量不确定度评定与表示（第二版）［M］. JJF 1059.1—2012. 北京：中国质检出版社，2013.

[6] JJF 1637—2007，廉金属热电偶校准规范［S］. 北京：中国质检出版社，2018.

[7] JJF 1262—2010，铠装热电偶校准规范［S］. 北京：中国计量出版社，2010.

[8] JJF 1183—2007，温度变送器校准规范［S］. 北京：中国计量出版社，2008.

[9] JJG 130—2011，工作用玻璃液体温度计［S］. 北京：中国质检出版社，2011.

[10] JJG 226—2001，双金属温度计［S］. 北京：中国计量出版社，2001.

[11] JJG 310—2002，压力式温度计［S］. 北京：中国计量出版社，2003.

[12] 国家技术监督局计量司. 1990 年国际温标宣贯手册［M］. 北京：中国计量出版社，1990.

[13] JJG 160—2007，标准铂电阻温度计［S］. 北京：中国计量出版社，2007.

[14] JJF 1001—2001，通用计量术语及定义［S］. 北京：中国质检出版社，2012.

[15] 国防科工委科技与计量司. 计量技术基础［M］. 北京：原子能出版社，2002.

[16] 中国计量测试学会. 一级注册计量司基础知识及专业实务（第 4 版）［M］. 北京：中国质检出版社，2017.

[17] 全国法制计量管理技术委员会：JJF 1033—2016 计量标准考核规范实施

指南［M］. 北京：中国质检出版社，2017.

［18］GB 3101—1993，有关量、单位和符号的一般原则［S］. 北京：中国标准出版社，2017.

［19］GB 3100—1993，国际单位制及其应用［S］. 北京：中国标准出版社，1994.

［20］JJG 875—2019，数字压力计［S］. 北京：中国标准出版社，2019.

［21］JJG 49—2013，弹性元件式精密压力表和真空表［S］. 北京：中国标准出版社，2013.

［22］JJG 52—2013，弹性元件式一般压力表、压力真空表和真空表［S］. 北京：中国标准出版社，2013.

［23］JJG 882—2019，压力变送器［S］. 北京：中国标准出版社，2019.

［24］JJG 544—2011，压力控制器［S］. 北京：中国标准出版社，2011.

［25］JJG 59—2007，活塞式压力计［S］. 北京：中国标准出版社，2007.

［26］程新选，等. 力学计量［M］. 北京：中国计量出版社. 2007.

［27］国防科工委科技与质量司. 力学计量（上册）［M］. 北京：原子能出版社，2002.

［28］中国计量测试学会. 一级注册计量师基础知识及专业实务［M］. 北京：中国质检出版社，2017.